Disseny de màquines I Metodologia

Carles Riba Romeva

Temes d'Enginyeria Mecànica 13

Disseny de màquines I
Metodologia

Carles Riba Romeva

Responsable de la col.lecció: Carles Riba Romeva

Aquesta publicació s'acull a la política de normalització lingüística i ha
comptat amb un ajut del Departament de Cultira i de la Direcció
General d'Universitats, de la Generalitat de Catalunya

En col·laboració amb el Servei de Llengües i Terminologia de la UPC
i el Servei de Publicacions de la UPC

Primera edició: setembre de 1994
Segona edició: febrer de 1995
Reimpressió: maig de 2010

©   Carles Riba Romeva, 1994

©   Edicions UPC, 1994
       Edicions de la Universitat Politècnica de Catalunya, SL
       Jordi Girona Salgado 31, Edifici Torre Girona, D-203, 08034 Barcelona
       Tel.: 934 015 885   Fax: 934 054 101
       Edicions Virtuals: www.edicionsupc.es
       E-mail: edicions-upc@upc.edu

Producció: LIGHTNING SOURCE

Dipòsit legal: B-28.836-97
ISBN (obra completa): 978-84-8301-190-4
ISBN: 978-84-8963-682-8

Presentació

Una de les activitats més apassionants, i sovint més complexes, dintre de l'enginyeria és el procés de creació, o disseny, d'una màquina a partir d'unes funcions i d'unes prestacions prèviament especificades.

Constitueix una matèria multidisciplinària que inclou, entre d'altres, la teoria de màquines i mecanismes, el càlcul i la simulació, les solucions constructives, els accionaments i el seu control, l'aplicació de materials, les tecnologies de fabricació, les tècniques de representació, l'ergonomia, la seguretat, la reciclabilitat, etc, que s'integren en la forma d'un projecte.

Aquest text forma part d'un conjunt de cinc fascicles que tracten el *disseny de màquines* des de diferents punts de vista complementaris, cada un dels quals presenta un tractament autònom que fa que pugui ser llegit o consultat amb independència dels altres. Aquests són:

1. *Mecanismes*
2. *Estructura constructiva*
3. *Accionaments*
4. *Selecció de materials*
5. *Metodologia*

L'objecte d'aquests fascicles, necessàriament breus, és donar unes orientacions conceptuals i metodològiques a aquelles persones amb nivell de formació universitària que, en algun moment o altre de la seva activitat professional, hauran d'emprendre el disseny o la fabricació d'una màquina.

El present fascicle tracta del disseny de *mecanismes*, que és un part fonamental del disseny conceptual de les màquines.

Un mecanisme és una modelització d'una màquina en aquells aspectes que determinen els moviments i les forces.

Pot ser estudiat des de dos punts de vista, alhora complementaris i oposats: l'*anàlisi* que, partint d'un mecanisme determinat, n'estudia els moviments i les forces i, en definitiva, les funcions que realitza; i la *síntesi,* que, partint d'unes funcions de moviments i de forces requerides, determina els mecanismes (o n'optimitza els paràmetres) que les compleixen o que s'hi ajusten suficientment.

El *disseny de mecanismes* acostuma a ser el resultat d'una adequada combinació de l'*anàlisi* i de la *síntesi.* Atès que els mètodes d'anàlisi són més coneguts que els de síntesi, alhora que presenten una bibliografia més assequible, les pàgines següents centren més l'atenció sobre les metodologies de síntesi.

El capítol 1 fa una introducció sobre la modelització i l'esquematització dels sistemes mecànics; el capítol 2 recorre diversos aspectes del *disseny estructural* de mecanismes, tot fent un especial èmfasi en l'important concepte de *mobilitat*; finalment, el capítol 3 presenta algunes de les metodologies més conegudes per a l'*optimització dimensional* de mecanismes.

Voldria acabar aquesta presentació agraint la col·laboració de Francesc Civit Vidal, que m'ha acompanyat en la docència de la síntesi de mecanismes durant els dos darrers cursos, i la d'Oriol Adelantado Nogué, que ha realitzat les figures i altres tasques relacionades amb l'edició.

ÍNDEX

Presentació

Bibliografia

1 Màquines i mecanismes

1.1 Introducció

Concepte de màquina i de mecanisme

Una *màquina* és un sistema format per un o més conjunts mecànics amb parts mòbils i, eventualment, per altres conjunts (elèctrics, electrònics, òptics, etc.), organitzats en una unitat que realitza una tasca pròpia, tal com la manipulació, la conformació de materials o la transformació d'energia. La màquina és, per tant, un sistema complex que sovint va més enllà de la mecànica, però que es caracteritza sempre per l'existència d'unes funcions mecàniques bàsiques de guiatge i de transmissió relacionades amb els moviments i les forces. Per exemple: un centre de mecanització, una rentadora, una turbina, una grua, un automòbil o un robot industrial.

Un *mecanisme* és, precisament, la delimitació i la idealització d'un d'aquests conjunts mecànics mòbils d'una màquina, i està format per elements també idealitzats que prenen el nom de membres i de parells cinemàtics. Per exemple: el mecanisme de pistó-biela-cigonyal en un motor d'automòbil, el mecanisme d'engranatges d'un reductor o l'estructura articulada d'un robot industrial.

Peça i membre

Una *peça* és l'element constructiu més simple d'una màquina, caracteritzat pel material i per la forma, mentre que un *membre* és un element de mecanisme que idealitza una part de màquina que té un possible moviment relatiu a d'altres parts. El membre fix d'un mecanisme s'anomena *base*.

La materialització d'un *membre* d'un mecanisme en una màquina es pot realitzar per mitjà d'una peça, però més sovint adopta la forma d'una o més *peces* rígidament unides entre elles (biela de motor d'explosió, carcassa d'un reductor, eix de pedals d'una bicicleta). Un *membre* de mecanisme té dimensions significatives respecte a la cinemàtica, l'estàtica i la dinàmica (Sec. 1.2), mentre que una *peça* d'una màquina té dimensions adequades a la resistència i a la rigidesa.

Enllaç i parell cinemàtic

Un *enllaç* és la solució constructiva d'una unió mòbil entre dues parts d'una màquina (per lliscament en la zona de contacte, per rodolament entre les parts o per la interposició d'elements elàstics), mentre que un *parell cinemàtic* és la seva idealització en un mecanisme, configurada pel conjunt de superfícies, línies o punts de contacte ideals entre dos membres. S'anomenen *parells inferiors* aquells que es defineixen per un contacte superficial (parells de revolució, prismàtic, cilíndric, esfèric i pla), i *parells superiors*, aquells que es defineixen per un contacte lineal o puntual (Sec. 1.2). Prenen el nom d'*articulacions* aquells enllaços que materialitzen parells cinemàtics inferiors.

La materialització d'un determinat *parell cinemàtic* (per exemple, un parell de revolució) en una màquina pot adoptar més d'una solució constructiva (o *enllaç*) amb denominacions diferents, ja sigui per mitjà de determinades superfícies reals de contacte entre les peces (un enllaç de pivot, de polleguera, d'excèntrica), ja sigui per interposició d'un component específic (un rodament, un coixinet de fricció).

Conceptes genèrics:
sistema mecànic i cadena cinemàtica

En tractar de les màquines i els mecanismes, sovint és útil de fer referència a determinats conceptes més genèrics com són el de sistema mecànic i el de cadena cinemàtica.

Un *sistema mecànic* és un conjunt organitzat d'elements mecànics (real o ideal), en el comportament del qual intervé un o més dels següents aspectes: moviment, forces, inèrcia, rigidesa i amortiment.

Una *cadena cinemàtica* és un sistema mecànic ideal format per membres connectats per mitjà de parells cinemàtics. Un *mecanisme* és una cadena cinemàtica amb parts mòbils i amb un element fix, mentre que una *estructura* és o bé una cadena cinemàtica, o bé un sistema mecànic amb unions fixes, sense parts mòbils (el terme estructura també té altres significats; vegeu l'annex sobre terminologia).

Una *màquina* és un sistema mecànic real que conté conjunts de tipus mecanisme i conjunts de tipus estructura, tot i que es caracteritza pels primers.

1.2 Modelització de màquines

Realitat i models

La complexitat de les màquines, com la de tots els sistemes reals, dificulta la seva anàlisi i, més encara, la seva concepció i disseny. Per facilitar-ne l'estudi, s'elaboren representacions abstractes que consideren de manera simplificada i selectiva determinats aspectes de la realitat: són els anomenats *models*.

Una mateixa màquina, o sistema real, admet diversos models en funció dels fenòmens considerats i del grau de precisió de les lleis que els representen: un model excessivament simple pot esdevenir poc concordant amb la realitat, mentre que un model excessivament complex pot ser inabordable o, fins i tot, diluir els trets principals del seu comportament.

D'entre els molts possibles models de les màquines, són especialment útils en les tasques de disseny aquells que representen de forma simplificada i idealitzada els conjunts mecànics que realitzen funcions de guiatge i de transmissió relacionades amb els moviments i les forces. Aquests models prenen el nom genèric de *mecanismes*.

Especificades unes determinades funcions mecàniques d'una màquina, la tasca de dissenyar un mecanisme que les compleixi adequadament constitueix un dels primers passos per a la seva definició, i forma part de l'anomenat *disseny conceptual*. Aquest és l'objecte del present fascicle: *Disseny de màquines I. Mecanismes*.

El pas següent consisteix a definir uns elements de màquina, materialització dels membres i parells cinemàtics del mecanisme, per mitjà de solucions constructives, materials, formes i dimensions adequades a les sol·licitacions previstes o admissibles (càrregues, deformacions, desgasts, etc.). És l'anomenat *disseny de materialització*, objecte del fascicle que segueix al present: *Disseny de màquines II. Estructura constructiva.*

Aspectes a considerar en els sistemes mecànics

L'estudi i la modelització dels sistemes mecànics comporta la consideració, de forma separada o conjunta, d'un o més dels aspectes següents:

El moviment. Canvi de lloc i d'orientació dels cossos, i la seva relació amb el temps. Inclou les posicions i orientacions dels cossos, les trajectòries, les velocitats, les acceleracions i derivades superiors.
S'aplica el qualificatiu de *cinemàtic* als sistemes en què es considera tan sols el moviment, i de *cinètic* als sistemes en què es considera el moviment en relació amb les forces i l'energia.

Les forces. Accions sobre els cossos capaces de produir algun dels efectes següents: la variació del seu estat de moviment (acceleració), la seva deformació o la dissipació de treball mecànic. Les forces que resulten de la interacció entre els cossos (per contacte o a distància) s'anomenen *forces estàtiques*.
A un sistema sotmès tan sols a *forces estàtiques*, se li aplica el qualificatiu d'*estàtic*.

La inèrcia. Oposició que ofereixen els cossos amb massa a variar el seu estat de moviment si no és en presència de forces que actuen sobre seu. La segona llei de Newton proporciona una relació entre el canvi de moviment (acceleració) de cossos amb massa i les forces que hi són associades (anomenades d'*inèrcia* o *dinàmiques*).
A un sistema sotmès a *forces d'inèrcia*, se li aplica el qualificatiu de *dinàmic*.

La deformació. Canvi de forma i de dimensions que experimenten els cossos no rígids en ser sotmesos a un sistema de forces exteriors. Si les deformacions desapareixen després de cessar les forces, es parla de *deformació elàstica*, mentre que si les deformacions resten després de cessar les forces, es parlar de *deformació plàstica*.

A un sistema amb presència de cossos deformables, se li aplica el qualificatiu d'*elàstic*, si la deformació és elàstica, i de *plàstic*, si la deformació és plàstica.

La dissipació. Transformació d'un treball mecànic en una energia no útil (generalment tèrmica), causada per l'existència de forces dissipatives en el moviment dels enllaços (fricció), en la deformació dels cossos (histèresi) o en dispositius específics (amortidors).

A un sistema amb presència de forces de dissipació, se li aplica el qualificatiu de *dissipatiu*.

Models en l'estudi dels sistemes mecànics

En funció dels diferents aspectes considerats, es poden oferir diversos models en l'estudi dels sistemes mecànics, cada un dels quals és adequat per a determinades tasques d'anàlisi o de disseny. Un resum d'aquests models és dóna al gràfic de la figura 1.1, on s'han establerts quatre cercles que corresponen a: *a) moviment cinemàtic* (si hi ha forces s'usa el terme *cinètic*); *b) deformació elàstica*; *c) forces estàtiques* (absència de forces d'inèrcia); *d) forces dinàmiques* (presència de forces d'inèrcia); aquests darrers cercles són necessàriament excloents.

Les diverses àrees del gràfic prefiguren diferents models, en el ben entès que no poden existir models amb forces d'inèrcia sense moviment (cinemàtic o per deformació, fonamentalment elàstica), ni models amb deformació elàstica sense un sistema de forces (estàtic o dinàmic). En tots els models on hi ha moviment (cinemàtic o per deformació elàstica), s'hi pot superposar o no l'*efecte dissipatiu*.

En el gràfic també s'han establert dos tipus de particions que poden ajudar a ordenar els conceptes i a precisar el llenguatge:

Cinemàtica, estàtica, dinàmica. Hi ha acord en aplicar el terme *cinemàtic* als models on es considera exclusivament el moviment, mentre que en la literatura hi ha indeterminacions sobre l'aplicació dels termes *estàtic* i *dinàmic* en els models on intervenen forces, seguint algun dels tres criteris següents: *a)* l'existència (dinàmic) o no (estàtic) de moviment; *b)* l'existència (estàtic) o no (dinàmic) d'equilibri de forces; *c*) la presència (dinàmic) o no (estàtic) de forces d'inèrcia. En el gràfic de la figura 1.1 s'adopta el darrer d'aquests criteris.

Mecanisme, estructura. S'han considerat com a models propis per a mecanismes aquells en què intervé un moviment cinemàtic, mentre que s'han considerat com a models propis per a estructures aquells en què no intervé. Les màquines són sistemes complexos caracteritzats per l'existència de mecanismes (sistemes de guiatge, transmissions), però en els quals també hi ha la presència de sistemes de tipus estructura (bancades, membres de suport).

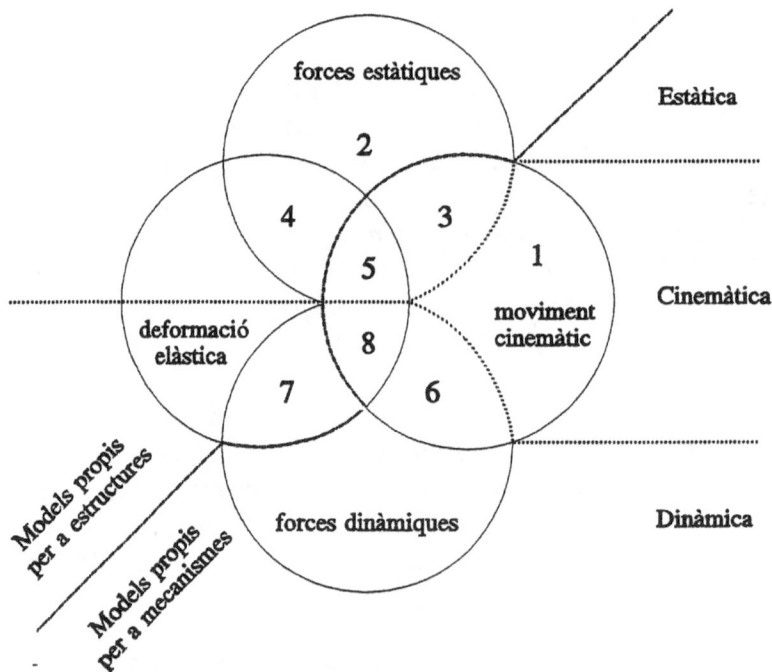

(1)   Model cinemàtic   (2)   Model estàtic simple
(3)   Model cinetostàtic   (4)   Model elastostàtic
(5)   Model cinetoelastostàtic   (6)   Model cinetodinàmic
(7)   Model elastodinàmic   (8)   Model cinetoelastodinàmic

Figura 1.1 Models dels sistemes mecànics

Existeixen altres possibles models o representacions de les màquines que no són tractats en aquest text, ja que no tenen una relació directa amb el disseny de mecanismes, tals com per exemple: els models sobre els principis de funcionament de la màquina (si es tracta de tallar: oxitall, tall per làser, tall per raig d'aigua, etc.), els models resistents (de la bancada o de les peces que componen la màquina), el models de les instal·lacions (elèctrica, hidràulica, pneumàtics) o els models de descripció de la màquina (plànols de definició i plànols de muntatge, representació en 2D o en 3D).

Modelització en la fase de disseny

En iniciar un disseny, en general la geometria i les dimensions del mecanisme no estan fixades, i molt menys les de les peces que l'han de materialitzar. Una tasca important en la fase de disseny consisteix, doncs, en elegir un model correcte i estimar adequadament els seus paràmetres, tot tenint present que, en general, es realitzen un bon nombre de tempteigs i d'iteracions abans d'obtenir una solució satisfactòria. És bo d'iniciar l'estudi amb un model simple, i anar-lo completant a mesura que s'avança en el coneixement i la definició del mecanisme.

La modelització d'un mecanisme es realitza per mitjà de la dels seus elements en aquells aspectes significatius per a l'objecte d'estudi:

Membres:

Geometria i dimensions cinemàtiques
Geometria i dimensions per a l'equilibri
Masses (concentrades/repartides)
Lleis de deformació (elàstica/plàstica)
Lleis de dissipació (histèresi)

Parells cinemàtics:

Geometria i dimensions cinemàtiques
Geometria i dimensions per a l'equilibri
Jocs
Lleis de deformacions (elàstica/plàstica)
Lleis de dissipació (fricció, o altres)

A continuació es descriuen els principals models cinemàtics (C), estàtics (E) i dinàmics (D), i s'analitzen els avantatges i els inconvenients de les seves aplicacions.

Models cinemàtics (C)

Són models que estudien el moviment de sistemes mecànics mòbils, independentment de les seves causes. Prenen en consideració la geometria i les dimensions significatives per a l'estudi de les posicions i orientacions, trajectòries, velocitats, acceleracions i derivades superiors. Es basen en:

Membres (membres rígids): Formes i dimensions cinemàtiques / Sense deformacions / Sense massa inercial / Sense histèresi

Parells cinemàtics (parells cinemàtics perfectes): Formes i dimensions cinemàtiques / Sense jocs / Sense deformacions / Sense fricció.

Les característiques cinemàtiques d'un mecanisme són les que, en general, tenen una major connexió amb la seva funció. Alguns mecanismes realitzen una funció purament cinemàtica (moviment de les busques d'un rellotge), mentre que en d'altres casos, l'estudi cinemàtic constitueix un primer pas en un estudi més complet que inclou models estàtics i dinàmics (engranatge d'un reductor, mecanisme de lleva-vàlvula d'un motor d'explosió, etc.).

En funció dels aspectes cinemàtics estudiats i dels paràmetres coneguts/paràmetres a avaluar, sorgeixen diversos tipus de models cinemàtics, els més significactius dels quals es presenten a continuació:

C1) *Models cinemàtics d'anàlisi / Models cinemàtics de síntesi*. En els primers es parteix d'un mecanisme determinat i s'estudia el seu comportament cinemàtic, mentre que en els segons es parteix d'unes funcions cinemàtiques desitjades i es cerca de determinar la geometria i dimensions del mecanisme que les compleixi (és l'objecte dels capítols 2 i 3).

C2) *Models cinemàtics de guiatge* (posicions i trajectòries). Models en què l'atenció se centra en la relació entre posicions de dos punts o dos membres d'un mecanisme, o en el guiatge (trajectòria) d'un punt o d'un membre d'un mecanisme (Fig. 1.2a i 1.2b).

Presenta un especial interès l'estudi de les posicions de l'estructura articulada d'un robot (cadena cinemàtica oberta); es distingeix entre el *model cinemàtic directe* (conegudes les coordenades dels eixos o articulacions, s'avaluen les coordenades del terminal), i el *model cinemàtic invers* (conegudes les coordenades del terminal, s'avaluen

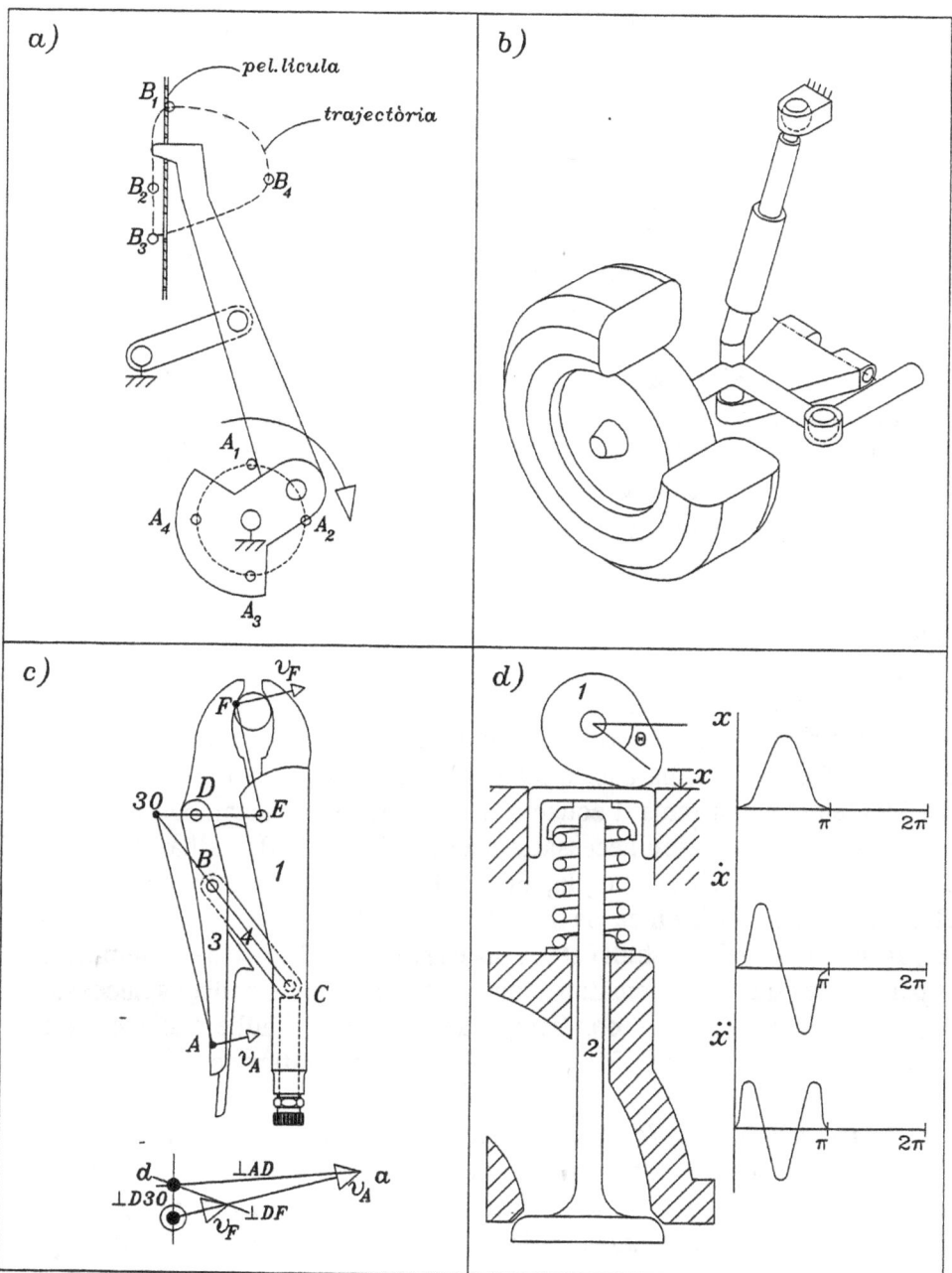

Figura 1.2   Models cinemàtics; a) Guiatge de trajectòria
(alimentador de pel.lícula cinematogràfica);
b) Guiatge de membre (suspensió McPherson
d'automòbil); c) Tenalles de multiplicació;
d) D'efectes inercials (lleva-vàlvula)

les dels eixos). La resolució d'aquest darrer model (anàleg al d'una cadena cinemàtica tancada) pot ser única, indeterminada (mobilitat redundant) o no existir (posicions no possibles del terminal).

C3) *Models cinemàtics de transmissió* (velocitats). Models en què l'atenció se centra en la relació de velocitats de diferents punts, o de diferents membres d'un mecanisme. Els models cinemàtics de transmissió estan directament relacionats amb la transmissió de forces per mitjà del principi de potències virtuals (Fig. 1.2c).

C4) *Models cinemàtics d'efectes inercials* (acceleracions). Models en què l'atenció se centra en l'avaluació de les acceleracions del mecanisme a partir de considerar el moviment conegut. Aquests models estan directament relacionats amb l'avaluació de les forces d'inèrcia en els models dinàmics (Fig. 1.2d).

Models estàtics (E)

Conjunt de models adequats per a l'estudi de sistemes mecànics sotmesos a forces estàtiques (sense forces d'inèrcia en desequilibri sobre els seus membres). Tenen per eina bàsica les condicions d'equilibri de forces que es tradueixen en un sistema d'equacions lineal de fàcil tractament matemàtic. Els models estàtics són necessàriament tridimensionals i s'han de plantejar en l'espai (l'estudi estàtic pla, Fig. 1.3c, és una projecció del sistema real, Fig. 1.3d; tan sols en casos de sistemes simètrics carregats simètricament, la informació de l'estudi estàtic pla és suficient, Fig. 1.3a). Demanen més paràmetres que els cinemàtics, com les distàncies als enllaços necessàries per a l'equilibri, i les condicions de fricció o d'adherència en les diferents zones de contacte. Els principals models estàtics són:

E1) *Model estàtic simple*. Model estàtic d'un sistema mecànic sense moviment, sotmès a un conjunt de forces en equilibri estàticament determinat que, partint de determinades forces exteriors conegudes, avalua altres forces exteriors i les forces d'enllaç. Es basa en:

Membres: Geometria i dimensions per a l'equilibri / Sense deformacions / Sense massa inercial / Sense histèresi

Parells cinemàtics: Geometria i dimensions per a l'equilibri / Sense o amb jocs / Sense deformacions / Sense o amb adherència

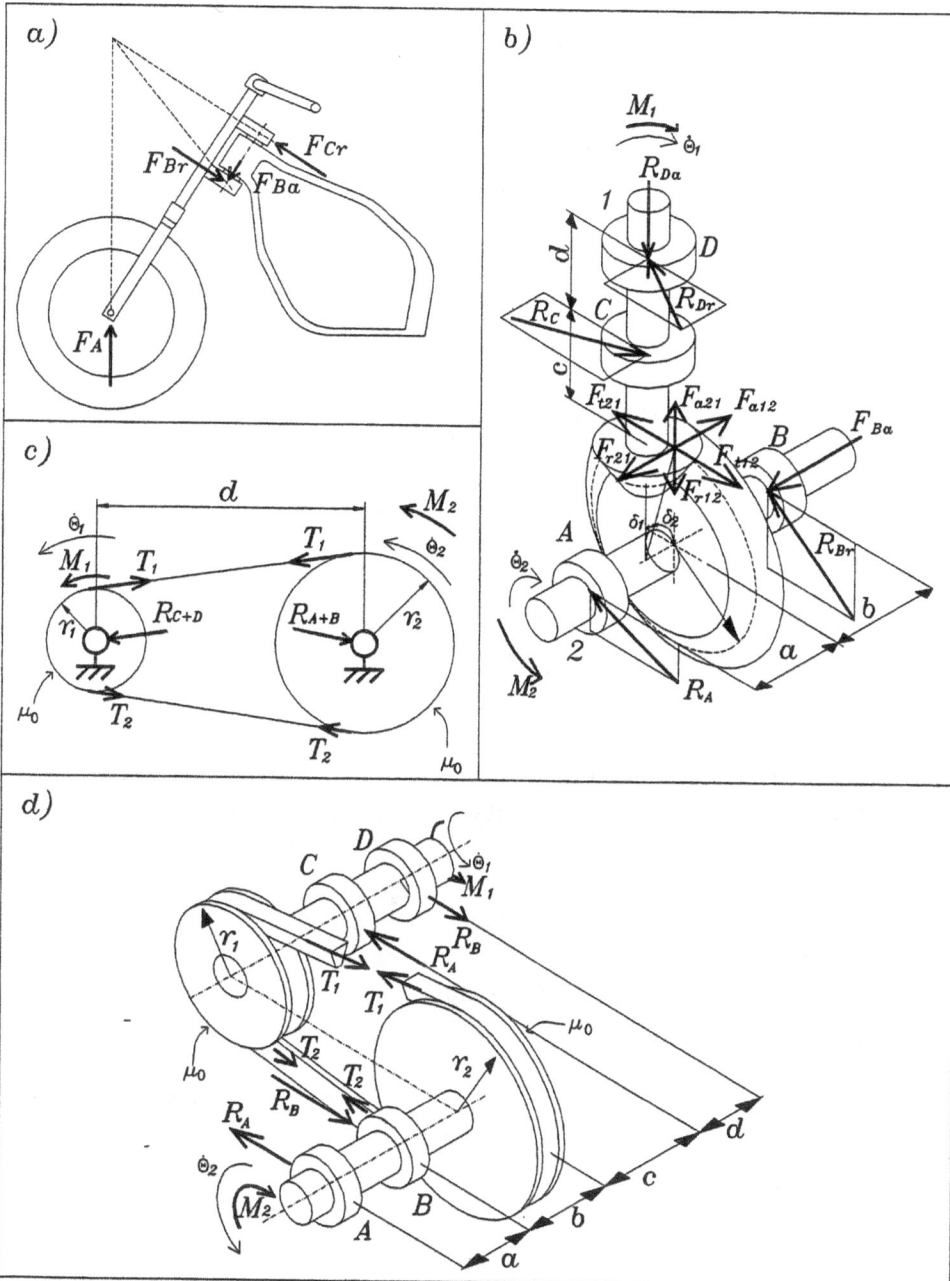

Figura 1.3   a) Model estàtic en el pla (sistema simètric)
b) Model cinetostàtic a l'espai
c) Model cinetoelastostàtic en el pla (projecció)
d) Model cinetoelastostàtic (amb corretja
elàstica) amb dissipació (lliscament funcional)

És un model molt freqüent en l'estudi d'estructures i de mecanismes de guiatge i de transmissió de forces; l'avaluació de les reaccions és fonamental per al dimensionament dels enllaços i de les peces del sistema (Fig. 1.3a).

E2) *Model cinetostàtic*. Model estàtic d'un mecanisme amb moviment constant que, partint de determinades forces exteriors conegudes, avalua altres forces exteriors i les forces d'enllaç i, en funció del moviment i d'eventuals forces de fricció, també avalua les potències i els rendiments. Es basa en:

    Membres: Geometria i dimensions cinemàtiques, i per a l'equilibri / Sense deformacions / Sense massa inercial / Sense histèresi
    Parells cinemàtics: Geometria i dimensions cinemàtiques, i per a l'equilibri / Sense o amb jocs / Sense deformacions / Sense o amb fricció (i adherència)

S'aplica a sistemes estacionaris de transmissió de potència i és un dels models més útils en l'estudi de les màquines (Fig. 1.3b).

E3) *Model elastostàtic*. Model estàtic d'un sistema mecànic sense moviment cinemàtic, en el qual es prenen en consideració les deformacions elàstiques i el sistema associat de forces en equilibri. Es basa en:

    Membres: Geometria i dimensions per a l'equilibri / Lleis de deformació elàstica / Sense massa / Sense histèresi
    Parells cinemàtics: Geometria i dimensions per a l'equilibri / Sense o amb jocs / Lleis de deformació elàstica / Sense o amb adherència

S'aplica en els casos següents: *a*) en l'establiment de l'equilibri de forces en sistemes hiperstàtics (estructura o mecanisme); *b*) en l'avaluació de deformacions de mecanismes amb elements elàstics.

E4) *Model cinetoelastostàtic*. Model estàtic en el qual es prenen en consideració simultàniament el moviment uniforme d'un mecanisme i les deformacions elàstiques dels seus membres i parells cinemàtics, superposició dels models cinetostàtic i elastostàtic. Sovint es considera tan sols l'elasticitat d'alguns membres del mecanisme (Figs. 1.3c i 1.3d).

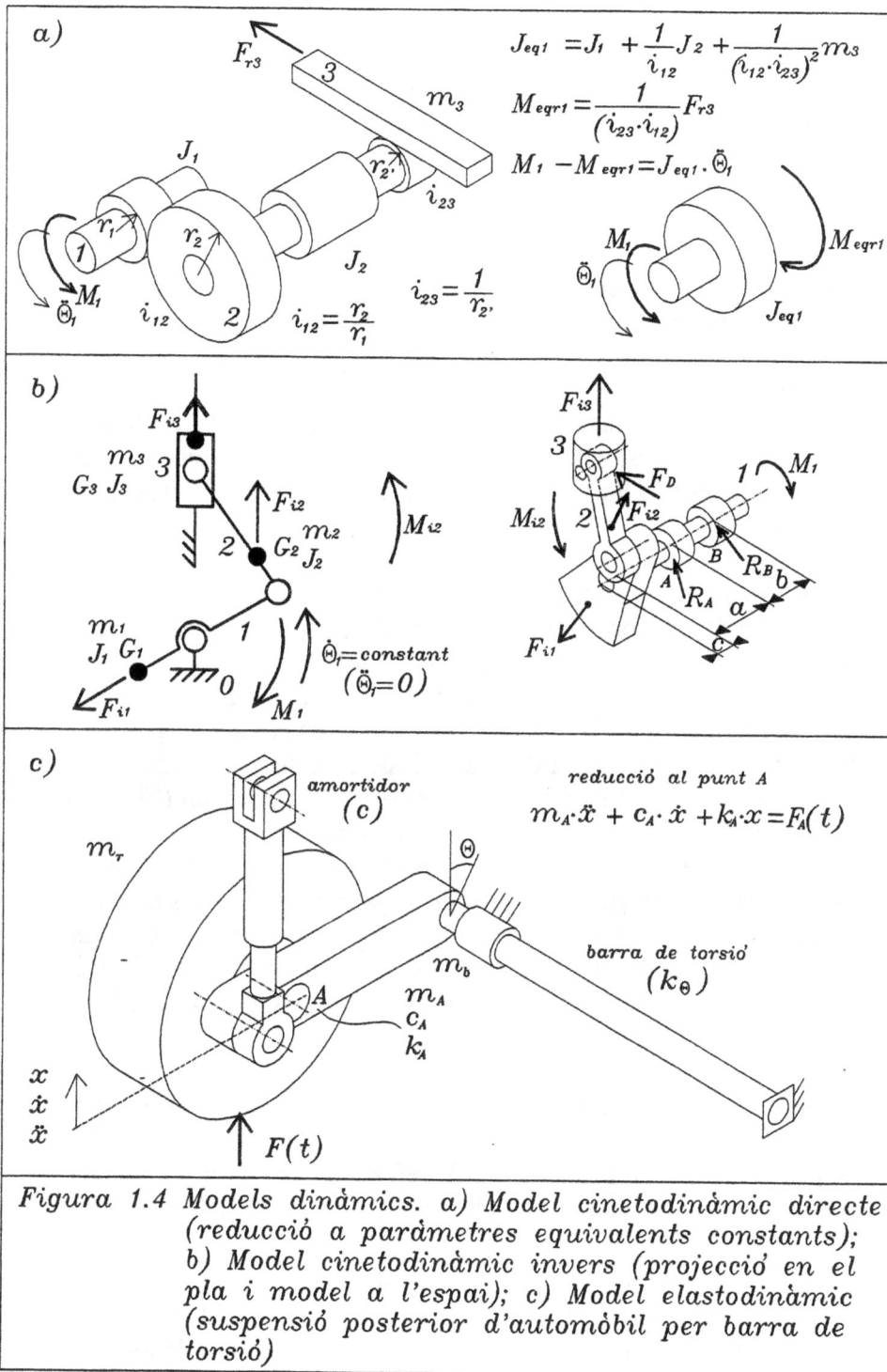

a)

$$J_{eq1} = J_1 + \frac{1}{i_{12}}J_2 + \frac{1}{(i_{12} \cdot i_{23})^2}m_3$$

$$M_{eqr1} = \frac{1}{(i_{23} \cdot i_{12})}F_{r3}$$

$$M_1 - M_{eqr1} = J_{eq1} \cdot \ddot{\Theta}_1$$

$$i_{12} = \frac{r_2}{r_1} \qquad i_{23} = \frac{1}{r_{2'}}$$

b)

$$\dot{\Theta}_1 = constant \quad (\ddot{\Theta}_1 = 0)$$

c)

amortidor
(c)

reducció al punt A

$$m_A \cdot \ddot{x} + c_A \cdot \dot{x} + k_A \cdot x = F_A(t)$$

barra de torsió
(k_Θ)

$F(t)$

Figura 1.4 Models dinàmics. a) Model cinetodinàmic directe (reducció a paràmetres equivalents constants); b) Model cinetodinàmic invers (projecció en el pla i model a l'espai); c) Model elastodinàmic (suspensió posterior d'automòbil per barra de torsió)

Models dinàmics (D)

Conjunt de models adequats per a l'estudi de sistemes mecànics sotmesos a forces dinàmiques (o forces d'inèrcia), que pressuposen l'estudi cinemàtic d'acceleracions. Els principals models dinàmics són:

D1) *Model cinetodinàmic*. Model dinàmic d'un mecanisme amb moviment cinemàtic que dóna lloc a forces d'inèrcia no equilibrades sobre els seus membres, model que es completa necessàriament amb les forces estàtiques que equilibren el sistema. Es basa en:

Membres: Geometria i dimensions cinemàtiques, i per a l'equilibri / Sense deformacions / Massa no distribuïda / Sense histèresi
Parells cinemàtics: Geometria i dimensions cinemàtiques, i per a l'equilibri / Sense jocs / Sense deformacions / Sense o amb fricció

Hi ha dues presentacions d'aquest model:
a) Partint d'unes forces conegudes aplicades sobre el mecanisme, es determina l'evolució del moviment en el temps i les reaccions en els enllaços (*model cinetodinàmic directe*). El cas general es resol per mètodes numèrics de diferències finites; en l'estudi dels règims d'engegada i aturada de les màquines el sistema se simplifica prenent masses o moments d'inèrcia equivalents de valor constant (Fig. 1.4a)
b) Partint del moviment i les forces d'inèrcia conegudes, es calculen les forces necessàries per crear-lo i les reaccions resultants en els enllaços (*model cinetodinàmic invers*); permet avaluar els efectes de les forces d'inèrcia sobre les màquines. Calculades les forces d'inèrcia de D'Alembert, el sistema es resol com un problema d'estàtica (sovint anomenat model cinetostàtic, tot i la seva naturalesa dinàmica) (Fig. 1.4b).

C2) *Model elàstodinàmic*. Model dinàmic d'un sistema mecànic, sense moviment cinemàtic, que estudia els petits desplaçaments al voltant de posicions d'equilibri causats per deformació elàstica, i els efectes d'inèrcia, sovint relacionats amb masses distribuïdes. Es basa en:

Membres. Geometria i dimensions per a l'equilibri / Lleis de deformació elàstica / Masses distribuïdes / Sense o amb histèresi
Parells cinemàtics. Si n'hi ha, en general són considerats perfectes

Aquest model s'aplica als sistemes mecànics vibratoris (Fig. 1.4c). Sovint els elements elàstics (molles) i els elements de dissipació (amortidors) són elements externs al mateix sistema mecànic estudiat.

C4)   *Model cinetoelastodinàmic.* Model dinàmic que pren alhora en consideració el moviment cinemàtic, l'elasticitat dels membres i dels parells cinemàtics, i els efectes dinàmics causats per les masses dels membres d'un mecanisme. Recull elements de modelització dels fenòmens cinemàtic, elàstic i dinàmic. Es basa en:

> *Membres.* Geometria i dimensions cinemàtiques, i per a l'equilibri / Lleis de deformació elàstica / Distribució de masses / Sense o amb histèresi
>
> *Parells cinemàtics.* Geometria i dimensions cinemàtiques, i per a l'equilibri / Lleis de deformació elàstica / Sense o amb jocs / Sense o amb fricció (i adherència)

El model cinetoelastodinàmic s'aplica a aquells mecanismes sotmesos a moviments molt ràpids (grans acceleracions) en què les deformacions elàstiques relacionades amb les forces d'inèrcia no són negligibles (Fig. 1.5).

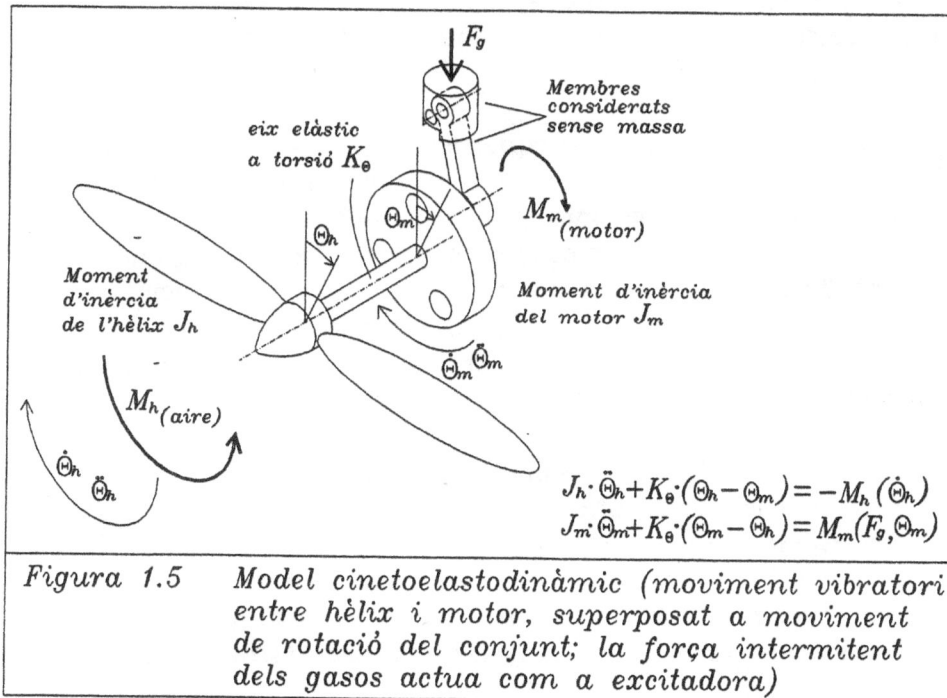

$$J_h \cdot \ddot{\Theta}_h + K_\Theta \cdot (\Theta_h - \Theta_m) = -M_h(\dot{\Theta}_h)$$
$$J_m \cdot \ddot{\Theta}_m + K_\Theta \cdot (\Theta_m - \Theta_h) = M_m(F_g, \Theta_m)$$

Figura 1.5   *Model cinetoelastodinàmic (moviment vibratori entre hèlix i motor, superposat a moviment de rotació del conjunt; la força intermitent dels gasos actua com a excitadora)*

1.3 Esquematització de mecanismes

Model i esquema

Un *esquema* és la representació gràfica d'un model per mitjà d'un conjunt de símbols que es combinen segons una sintaxi determinada. L'esquema és, doncs, una eina molt útil en l'estudi dels mecanismes, ja que alhora hi convergeixen els esforços de modelització i de representació gràfica.

Reprenent els conceptes bàsics, un *mecanisme* és la idealització del sistema mecànic mòbil d'una màquina i es compon de membres connectats entre ells per parells cinemàtics.

Un *membre* és un element de mecanisme constituït per un cos sòlid (excepcionalment líquid), rígid o quasi rígid en totes o en determinades direccions, amb moviment independent, que presenta, com a mínim, dimensions significatives des del punt de vista cinemàtic.

Parell cinemàtic és un element de mecanisme consistent en una unió mòbil configurada pel conjunt de superfícies, línies o punts de contacte entre dos membres, que comporta restriccions en el tipus, i el nombre, de variables independents del moviment relatiu.

L'esquema bàsic d'un mecanisme es correspon, doncs, amb la modelització cinemàtica. Aquest esquema pot ser completat amb paràmetres corresponents a d'altres modelitzacions més complexes (estàtica i dinàmica). Els *membres* i els *parells cinemàtics* es representen gràficament per mitjà de figures simplificades en què consten la geometria i dimensions significatives respecte al moviment, on es poden afegir altres determinacions significatives (geometria de les forces, distribució de masses, lleis de deformació, de dissipació) en relació a d'altres aspectes considerats.

La resta d'aquesta secció tracta dels tipus de membres i de parells cinemàtics que es troben més freqüentment en els mecanismes, així com els símbols usats en els esquemes de mecanismes. Les formes i les tipologies dels membres queden fortament condicionades pels tipus de parell cinemàtic amb què es connecten amb els membres veïns. És per això que en primer lloc es presenten els parells cinemàtics i més endavant els membres.

C. RIBA i ROMEVA, *Disseny de màquines I. Mecanismes* (Tem-UPC, 1994)

El conjunt de símbols gràfics per a l'esquematizació dels mecanismes que es recull en les planes següents correspon fonamentalment a la norma ISO 3952-1981 (part 1) que té per títol *Esquemes cinemàtics - Símbols gràfics* (coincident amb la norma espanyola UNE 1-099-83, part 1). En el cas de l'esquematizació dels parells cinemàtics, s'han recollit alguns dels símbols de la norma francesa, NF E 04-015, ja que aporten una major claredat i una precisió més gran.

Parells cinemàtics

L'esquematizació bàsica dels parells cinemàtics entre membres d'un mecanisme correspon a la modelizació cinemàtica, en la qual no es consideren ni les deformacions, ni els jocs ni les forces de dissipació; en aquest cas, les unions mòbils prenen el nom de *parells cinemàtics perfectes*.

El moviment relatiu més general entre dos membres a l'espai comprèn tres moviments de translació i tres moviments de rotació independents; l'existència de qualsevol parell cinemàtic entre ells restringeix aquest moviment.

Els principals aspectes que caracteritzen els parells cinemàtics són el *grau de llibertat* i el *tipus* de moviment relatiu: el *grau de llibertat* és el nombre de paràmetres independents que determinen el moviment relatiu entre els membres (segons que el grau de llibertat sigui 1, 2, 3, 4 i 5, els parells cinemàtics s'agrupen en classes $k = 1, 2, 3, 4$ i 5); el *tipus* de moviment relatiu fa referència a quins dels components de translació i de gir permet, i en quines direccions.

El moviment entre dos membres d'un parell cinemàtic es pot expressar per mitjà d'un *torçor cinemàtic, Tc*, i els esforços que transmet es poden expressar per mitjà d'un torçor de forces d'enllaç (o *torçor d'enllaç, Te*). En el cas que hi hagi forces de fricció, cal sumar-li un torçor de forces de fricció (o *torçor de fricció, Tf*). Aquests torçors s'expressen en relació a una determinada referència lligada al parell cinemàtic.

El nombre de paràmetres independents que defineixen el torçor cinemàtic coincideix amb el *grau de llibertat*, mentre que el nombre de paràmetres independents que defineixen el torçor d'enllaç s'anomena *grau de restricció*. La suma del grau de llibertat i del grau de restricció d'un parell cinemàtic perfecte és sempre igual a 6 en l'espai (3 en el pla).

Els parells cinemàtics poden agrupar-se en:

Parells inferiors. Parells cinemàtics definits per mitjà d'un contacte superficial entre dos membres d'un mecanisme. Presenten els valors inferiors de grau de llibertat (d'1 a 3) i, conseqüentment, els valors superiors de grau de restricció (de 5 a 3), fet que facilita les funcions de guiatge.

Parells superiors. Parells cinemàtics definits per mitjà d'un contacte lineal o puntual entre dos membres d'un mecanisme. Presenten els valors superiors de grau de llibertat (4 i 5) i, conseqüentment, els valors inferiors de grau de restricció (d'1 a 2), fet que facilita les funcions de transmissió.

Grau de llibertat 0:

Unió rígida. Indica que les dues parts unides formen un sol membre i per tant no hi ha moviment relatiu. Una unió rígida pot transmetre parells i moments en totes les direccions (Fig. 1.6).

Grau de llibertat 1:

Parell de revolució (R). Parell inferior definit per mitjà del contacte superficial entre dues superfícies de revolució. Permet el moviment de gir relatiu segons l'eix de revolució. Pot transmetre forces i moments en totes les direccions, excepte el moment en la direcció de l'eix de revolució (Fig. 1.7).

Parell prismàtic (P). Parell inferior definit per mitjà del contacte superficial entre dues superfícies prismàtiques. Permet el moviment de translació relatiu segons l'eix dels prismes. Pot transmetre forces i moments en totes les direccions, excepte la força en la direcció de l'eix dels prismes (Fig. 1.8).

Parell helicoïdal (H). Parell inferior definit per mitjà del contacte superficial entre dues superfícies helicoïdals. Permet un moviment relatiu lligat de gir i de translació segons l'eix de l'hèlice. Pot transmetre parells i forces en les direccions perpendiculars a l'eix de l'hèlice, mentre que el parell i la força en aquesta direcció estan relacionats cinemàticament (Fig. 1.9).

Unió rígida — Figura 1.6	Símbols	Torçors
	  (fix)	Vp $Tc \left\{ \begin{matrix} 0 & 0 \\ 0 & 0 \\ 0 & 0 \end{matrix} \right\}_p$ $Te \left\{ \begin{matrix} Fx & Mx \\ Fy & My \\ Fz & Mz \end{matrix} \right\}_p$

Parell de revolució (R) — Figura 1.7	Símbols	Torçors
	 	$Vp \in eix\ Ox$ $Tc \left\{ \begin{matrix} 0 & \omega x \\ 0 & 0 \\ 0 & 0 \end{matrix} \right\}_p$ $Te \left\{ \begin{matrix} Fx & 0 \\ Fy & My \\ Fz & Mz \end{matrix} \right\}_p$

Parell prismàtic (P) — Figura 1.8	Símbols	Torçors
		$Vp \in eix\ Ox$ $Tc \left\{ \begin{matrix} Vx & 0 \\ 0 & 0 \\ 0 & 0 \end{matrix} \right\}_p$ $Te \left\{ \begin{matrix} 0 & Mx \\ Fy & My \\ Fz & Mz \end{matrix} \right\}_p$

Parell helicoïdal (H) — Figura 1.9	Símbols	Torçors
$\left(k = \dfrac{pas}{2\pi} \right)$ $Mx = k \cdot Fx \quad Vx = k \cdot \omega x$	(dreta)	$Vp \in eix\ Ox$ $Tc \left\{ \begin{matrix} k \cdot \omega x & \omega x \\ 0 & 0 \\ 0 & 0 \end{matrix} \right\}_p$ $Te \left\{ \begin{matrix} Fx & k \cdot Fx \\ Fy & My \\ Fz & Mz \end{matrix} \right\}_p$

Grau de llibertat 2:

Parell cilíndric (C). Parell inferior definit per mitjà del contacte superficial entre dos cilindres. Permet dos moviments relatius independents, un de gir i un de translació, tots dos segons l'eix del cilindre. Pot transmetre parells i forces en les direccions perpendiculars a l'eix del cilindre (Fig. 1.10).

Grau de llibertat 3:

Parell esfèric (S). Parell inferior definit per mitjà del contacte superficial entre dues esferes. Permet tres moviments relatius independents de gir al voltant del centre de l'esfera. Pot transmetre parells en totes les direccions que passin pel centre de l'esfera, però no pot transmetre cap moment (Fig. 1.11).

Parell pla (Pl). Parell inferior definit per mitjà del contacte superficial entre dues superfícies planes. Permet tres moviments relatius independents, dos de translació paral·la al pla i un de gir segons un eix perpendicular al pla. Pot transmetre parells segons eixos continguts en el pla i forces perpendiculars al pla (Fig. 1.12).

Grau de llibertat 4:

Parell esfera-cilindre (Sc). Parell superior definit per mitjà d'un contacte lineal anular entre un cilindre i una esfera. Permet quatre moviments relatius, tres de gir al voltant del centre de l'esfera i un de translació al llarg de l'eix del cilindre. Pot transmetre forces que passin pel centre de l'esfera i que tinguin direccions perpendiculars a l'eix del cilindre (Fig. 1.13).

Parell cilindre-pla (Cp). Parell superior definit per mitjà del contacte lineal entre un cilindre i un pla (o plans paral·lels). Permet quatre moviments relatius, tres d'anàlegs al del parell cinemàtic pla, i el quart de rodolament del cilindre sobre el pla. Pot transmetre una força en la direcció perpendicular al pla i un parell segons un eix perpendicular a la generatriu de contacte i continguda en el pla (Fig. 1.14).

Parell cilíndric (C) Figura 1.10	Símbols	Torçors
		$Vp \in eix \; 0x$ $Tc \begin{Bmatrix} Vx & \omega x \\ 0 & 0 \\ 0 & 0 \end{Bmatrix}_p$ $Te \begin{Bmatrix} 0 & 0 \\ Fy & My \\ Fz & Mz \end{Bmatrix}_p$
Parell esfèric (S) Figura 1.11	Símbols	Torçors
		$p \equiv 0$ $Tc \begin{Bmatrix} 0 & \omega x \\ 0 & \omega y \\ 0 & \omega z \end{Bmatrix}_p$ $Te \begin{Bmatrix} Fx & 0 \\ Fy & 0 \\ Fz & 0 \end{Bmatrix}_p$
Parell pla (Pl) Figura 1.12	Símbols	Torçors
		Vp $Tc \begin{Bmatrix} Vx & 0 \\ Vy & 0 \\ 0 & \omega z \end{Bmatrix}_p$ $Te \begin{Bmatrix} 0 & Mx \\ 0 & My \\ Fz & 0 \end{Bmatrix}_p$
P. esfera–cilindre (Sc) Figura 1.13	Símbols	Torçors
		$p \equiv 0$ $Tc \begin{Bmatrix} Vx & \omega x \\ 0 & \omega y \\ 0 & \omega z \end{Bmatrix}_p$ $Te \begin{Bmatrix} 0 & 0 \\ Fy & 0 \\ Fz & 0 \end{Bmatrix}_p$

Grau de llibertat 5:

Parell puntual (Pt). Parell superior definit pel contacte puntual entre dues superfícies qualssevol. Permet tots els moviments excepte en la direcció de la normal de contacte i pot transmetre forces tan sols en aquesta direcció (Fig. 1.15).

Parells cinemàtics equivalents

La connexió entre dos membres es pot realitzar per mitjà d'un sol parell cinemàtic o per mitjà de diversos parells cinemàtics que actuen en sèrie o en paral·lel. Es diu que dos o més parells cinemàtics actuen en sèrie quan connecten dos membres extrems per mitjà d'una cadena cinemàtica oberta de membres intermediaris, i en paral·lel quan tots connecten directament els mateixos dos membres (Fig. 1.16).

En determinats casos, a fi de simplificar l'esquema d'un mecanisme, a fi d'obtenir un esquema amb parells cinemàtics coneguts, o a fi d'avaluar el grau de mobilitat del mecanisme (Sec. 2.3), és útil de substituir dos parells cinemàtics en sèrie o en paral·lel per un *parell cinemàtic equivalent*; o a l'inrevés, descompondre un parell cinemàtic en altres dos en sèrie o en paral·lel.

L'operació de composició de parells cinemàtics es pot realitzar per mitjà de la composició dels corresponents torçors cinemàtics, per a la qual cosa cal que aquests estiguin referenciats en el mateix punt, *p*. En cas contrari, cal realitzar prèviament la corresponent transformació del torçor cinemàtic.

El torçor cinemàtic equivalent a diversos parells cinemàtics connectats en sèrie possibilita tots els moviments permesos per un dels torçors cinemàtics components qualssevol i els seus membres s'obtenen per suma:

$$Tc_{serie} = Tc_1 + Tc_2 + Tc_3 + ... \qquad (1)$$

El torçor cinemàtic equivalent a diversos parells cinemàtics connectats en paral·lel possibilita tan sols els moviments permesos per tots els torçors cinemàtics components i els seus membres s'obtenen establint la igualtat:

$$Tc_{serie} = Tc_1 = Tc_2 = Tc_3 = ... \qquad (2)$$

P. cilindre-pla (Cp) *Figura 1.14*	*Símbols*	*Torçors*
		$Vp \in pla\ xOz$ $Tc \begin{Bmatrix} Vx & \omega x \\ Vy & 0 \\ 0 & \omega z \end{Bmatrix}_p$ $Te \begin{Bmatrix} 0 & 0 \\ 0 & My \\ Fz & 0 \end{Bmatrix}_p$

Parell puntual (Pt) *Figura 1.15*	*Símbols*	*Torçors*
	(o)	$Vp \in eix\ Oz$ $Tc \begin{Bmatrix} Vx & \omega x \\ Vy & \omega y \\ 0 & \omega z \end{Bmatrix}_p$ $Te \begin{Bmatrix} 0 & 0 \\ 0 & 0 \\ Fz & 0 \end{Bmatrix}_p$

Parells cinemàtics equivalents   *Figura 1.16*

Parell pla (sèrie) parell esfèric (equival) parell puntual

$$Tc_A \begin{Bmatrix} 0 & \omega x_A \\ Vy_A & 0 \\ Vz_A & 0 \end{Bmatrix}_p + Tc_B \begin{Bmatrix} 0 & \omega x_B \\ 0 & \omega y_B \\ 0 & \omega z_B \end{Bmatrix}_p = Tc_C \begin{Bmatrix} 0 & \omega x_C \\ Vy_C & \omega y_C \\ Vz_C & \omega z_C \end{Bmatrix}_p$$

Parell esfèric (paral.lel) parell esfera-cilindre (equival) parell de revolució

$$Tc_A \begin{Bmatrix} 0 & \omega x_A \\ 0 & \omega y_A \\ 0 & \omega z_A \end{Bmatrix}_p = Tc_B \begin{Bmatrix} Vx_B & \omega x_B \\ a\cdot\omega z_B & \omega y_B \\ -a\cdot\omega y_B & \omega z_B \end{Bmatrix}_p = Tc_C \begin{Bmatrix} 0 & \omega x_C \\ 0 & 0 \\ 0 & 0 \end{Bmatrix}_p$$

$$0 = Vx_B; \quad 0 = a\cdot\omega z_B; \quad 0 = -a\cdot\omega y_B$$

Membres

La classificació dels membres dels mecanismes no és tan simple com la dels parells cinemàtics, ja que poden adquirir formes i dimensions molt variades en relació a la funció que és exigida per la màquina.

En la major part dels casos els membres no són altra cosa que el suport rígid que manté dos o més parells cinemàtics en posicions relatives fixes; per tant, la classificació i denominació de molts membres de mecanisme està estretament lligada als parells cinemàtics que suporta.

Es pot establir una classificació dels membres en funció del nombre de parells cinemàtics en què participa en *binaris* (dos parells cinemàtics), *ternaris* (tres parells cinemàtics), *quaternaris* (quatre parells cinemàtics), etc. Tanmateix és de poca utilitat, ja que aquests parells cinemàtics poden ser de característiques molt diferents.

S'ha preferit, doncs, esquematitzar aquí els tipus de membres més fre-qüents que intervenen en els mecanismes articulats. Més endavant (Sec. 2.2) es presenten altres mecanismes i els tipus de membres que els formen.

Membres de mecanismes articulats:

Barra. Membre d'un mecanisme que comporta únicament parells de revo-lució i, eventualment, parells esfèrics (Fig. 1.17a, b, c, d, e). Quan la barra està articulada sobre la base, pren el nom de *manubri* o *cigonyal* (Fig. 1.17e) si pot donar voltes completes, i de *balancí* si tan sols realitza un moviment d'oscil·lació. Si no té cap punt fix, s'anomena *biela* (Fig. 1.17a, b). Hi ha membres amb formes molt diverses que són equivalents a una barra. Entre aquests cal citar l'*excèntrica* (Fig. 1.17d), en què una de les articulacions pren una dimensió suficient per englobar l'altra articulació.

Guia, corredora. Membres que comporten un parell prismàtic amb un altre membre. El membre fix, o que conté la superfície d'enllaç més pro-longada, acostuma a rebre el nom de *guia* (Fig. 1.17f, cilindre; Fig. 1.17g, guia), mentre que el membre mòbil, o de dimensions més reduïdes, rep el nom de *corredora* (Fig. 1.17f, pistó; Fig. 1.17g, corredora). Els conceptes de guia i corredora són relatius. Tant la *guia* com la *corredora* poden ser un element fix o mòbil.

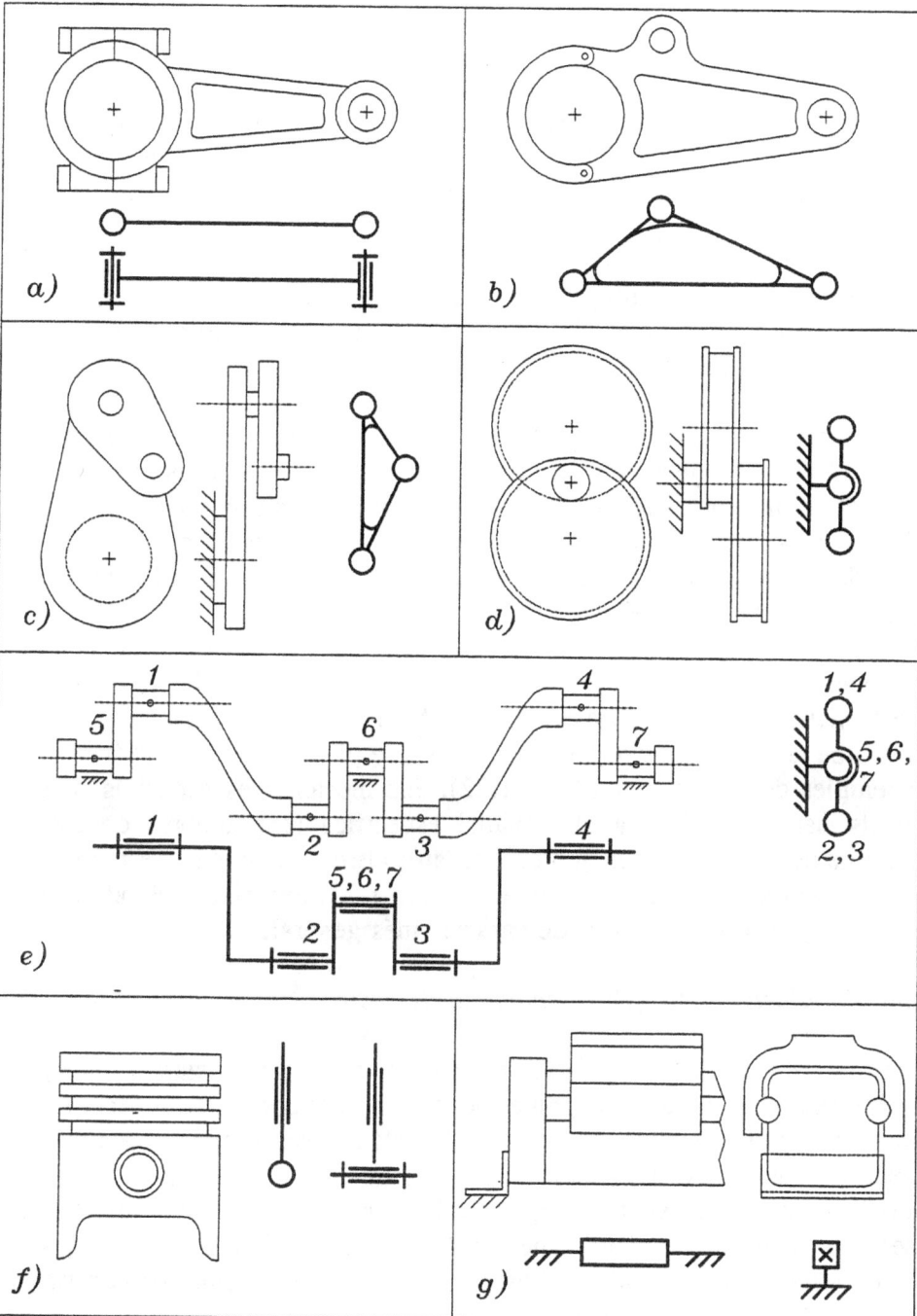

Figura 1.17   *Membres de tipus barra i de guia-corredora*

Exemples d'esquematització

Per estudiar el comportament mecànic d'una màquina, cal establir els esquemes dels seus mecanismes, això és, despullar-la de tot allò que no sigui significatiu des del punt de vista del moviment i de les forces. Aquesta operació pren el nom d'*esquematització*, i exigeix un esforç d'anàlisi important per distingir l'essencial del superflu. El problema central de l'esquematització consisteix a determinar els parells cinemàtics que idealitzen cada un dels enllaços de la màquina, mentre que els membres apareixen com a conseqüència d'unir rígidament els diferents parells cinemàtics en què participen.

Mecanismes plans. La major part dels mecanismes de les màquines són plans, això és, les trajectòries de punts qualssevol dels membres mòbils es troben sobre plans paral·lels (vegeu els exemples de les figures 1.18, 1.19 i 1.20). Aquest fet simplifica molt l'esquematització, i facilita l'aplicació de mètodes de resolució gràfics en l'estudi de la cinemàtica i de l'equilibri de forces projectat sobre el pla.

Mecanismes espacials. Un cert nombre dels mecanismes de les màquines són espacials, això és, les trajectòries de punts qualssevol dels elements mòbils o bé no són planes, o bé es troben sobre plans no paral·lels (vegeu els exemples de les figures 1.21 i 1.22). Els mecanismes espacials més freqüents han donat lloc a una anàlisi específica (engranatges cònics; engranatge de pinyó sense fi; juntes Cardan); altres mecanismes espacials (estructura articulada de robot, vegeu la figura 1.22) exigeixen mètodes de resolució algebraics i numèrics de caràcter més general.

Mecanisme d'agulla i tirafils de màquina de cosir

La figura 1.18 presenta dues vistes dels mecanismes sincronitzats d'agulla i tirafils d'una màquina de cosir, on es pot constatar la complexa superposició de plans en els quals es mouen les diferents peces; tanmateix, aquests mecanismes són plans. L'esquema de la figura 1.18a és exclusivament cinemàtic, mentre que el de la figura 1.18b conté informació sobre les masses dels membres (esquema cinetodinàmic). És bo de constatar que les articulacions A, B i D lligades a l'arbre motor del mecanisme formen un sol membre (peces rígidament unides entre elles).

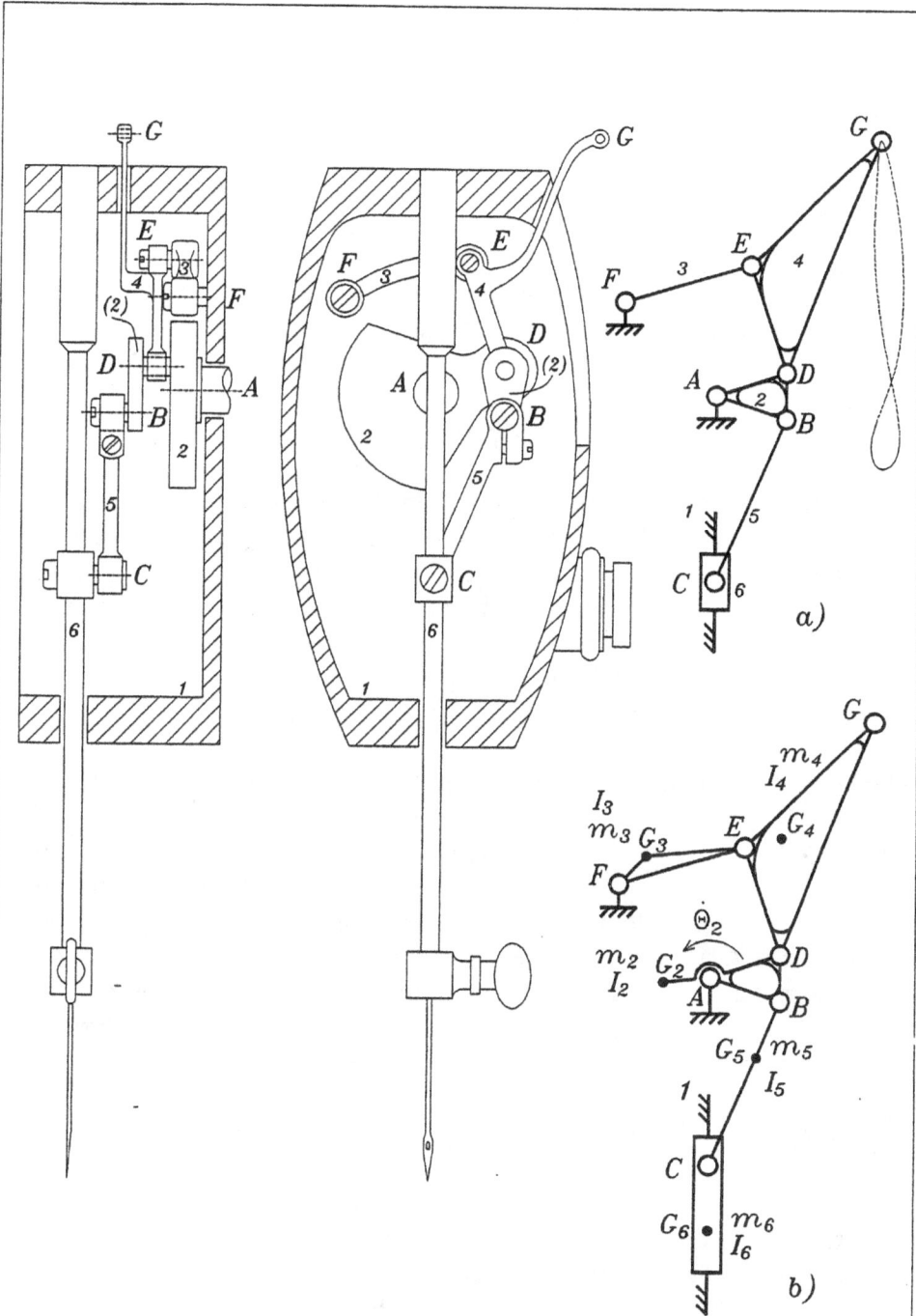

Figura 1.18   Mecanisme d'agulla i tirafils de
                màquina de cosir

Mecanismes amb el mateix esquema

La figura 1.19 mostra tres mecanismes amb funcions totalment diferents que presenten el mateix esquema cinemàtic pla (Fig. 1.19d): *a)* Un dispositiu avançateles d'una màquina de cosir (Fig. 1.19a); *b)* Un mecanisme alternatiu de cursa regulable (Fig. 1.19b); *c)* Una bomba de cos oscillant (Fig. 1.19c). En els dos primers casos s'ha substituït l'enllaç de pivot cilíndric-guia (parell superior en el pla) per un conjunt cinemàticament equivalent format per un parell prismàtic-corredora-parell de revolució. L'estudi cinemàtic és comú, doncs, per als tres mecanismes.

a) Dispositiu avançateles d'una màquina de cosir

Aquest és un dels molts mecanismes possibles per al dispositiu avançateles d'una màquina de cosir. En girar l'excèntrica 2, arrossega la biela 3 en un moviment en què el punt B descriu circumferències al voltant del punt A. Això fa que la serreta lligada a la biela, quan es desplaça de dreta a esquerra, ho faci sobresortint lleugerament per damunt del pla de la màquina tot arrossegant la tela, mentre que quan es desplaça d'esquerra a dreta, ho faci per sota el pla de la màquina, sense arrossegar la tela.

b) Mecanisme alternatiu de cursa regulable

Mecanisme que transforma la rotació de l'arbre 2 en un moviment de component alternatiu horitzontal del punt D, de cursa variable, regulació que s'aconsegueix per mitjà de desplaçar el pivot cilíndric C verticalment. El mecanisme de regulació (no representat en l'esquema comú) consisteix en una corredora vertical 5 que suporta el pivot cilíndric C, que es pot desplaçar per mitjà d'un cargol 6. Com més s'apropa el pivot C a l'articulació A, major és la cursa del punt D, i viceversa.

c) Bomba de cos oscil·lant

En aquest mecanisme de bomba, l'èmbol, que forma part de la biela 3, es mou dintre del cos de la bomba 4 articulat sobre la base. El membre 3 (biela-pistó), a més de realitzar el moviment d'aspiració impulsió del fluid respecte al cos 4, obliga aquest a fer un moviment de gir oscil·lant respecte a la base que actua com a sistema de vàlvules per mitjà de l'obertura i tancament dels conductes d'entrada i sortida del fluid.

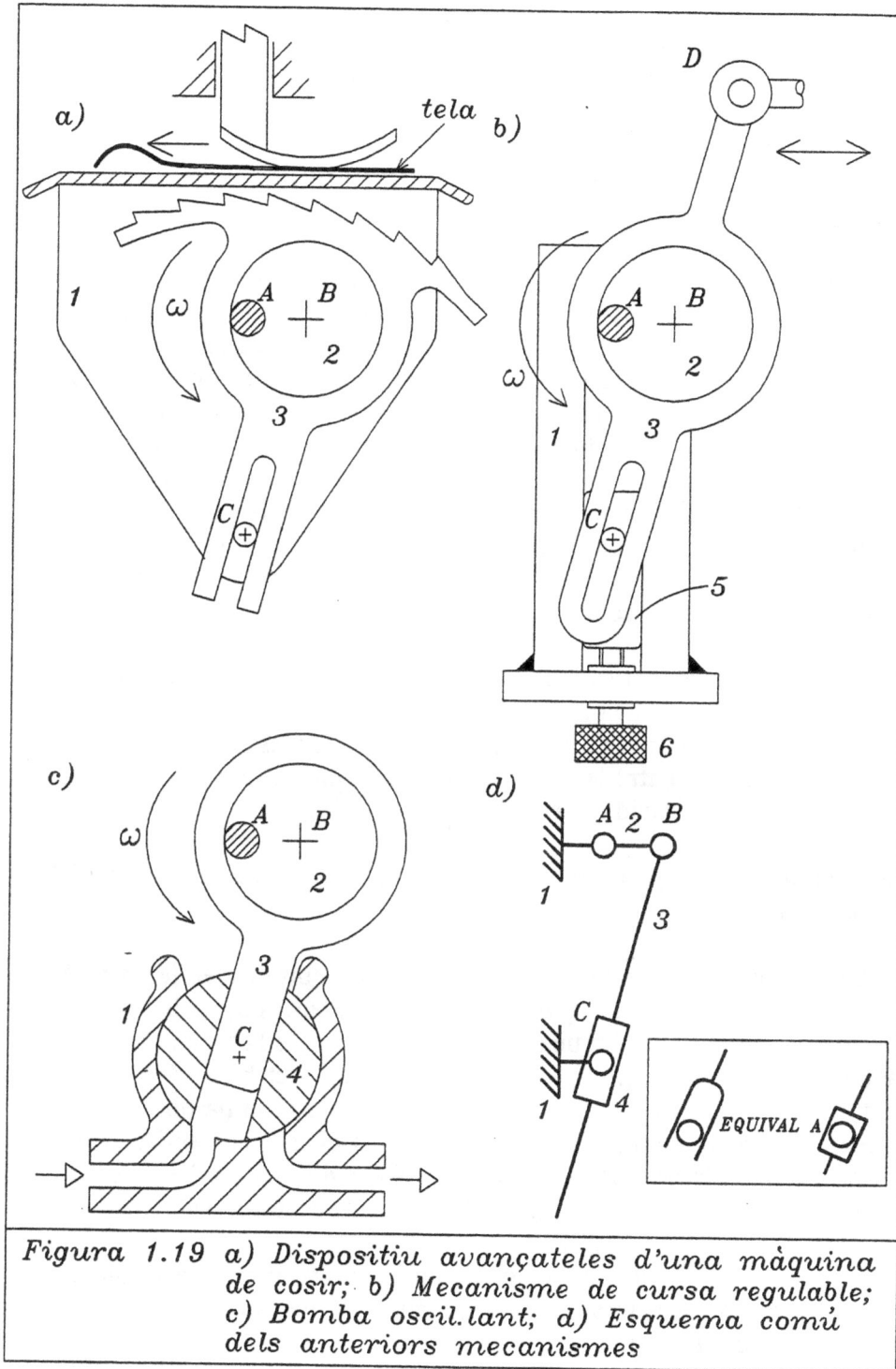

Figura 1.19 a) Dispositiu avançateles d'una màquina de cosir; b) Mecanisme de cursa regulable; c) Bomba oscil.lant; d) Esquema comú dels anteriors mecanismes

Mecanisme de piano

La figura 1.20 mostra un mecanisme que relaciona la pulsació de la tecla amb el moviment del martell d'un piano.

El funcionament és el següent: en ser pulsada la tecla 2, aquesta gira al voltant del punt *A*, per mitjà de l'enllaç *B* empeny el balancí 3. El balancí porta articulada la palanca 4 (punt *C*) que empeny el martell 5 a través de l'enllaç *F-F'*. Per mitjà d'aquest mecanisme, equivalent al quadrilàter articulat *DCFE* (vegeu l'esquema de la Fig. 1.20b), el martell s'acosta a la corda, però poc abans de percudir-la, el taló de la palanca 4 entra en contacte amb una barra fixa (enllaç *H-H'*), la palanca gira enrera i desfà l'enllaç *F-F'* (escapament, vegeu la Fig. 1.20c). El martell continua el moviment per inèrcia, percudeix la corda i rebota fins a quedar retingut en una posició pròxima a la corda (vegeu Fig. 1.20d) on la prolongació posterior del mar-tell i la prolongació superior del balancí 3 entren en contacte (punt *G-G'*). Aquesta situació és favorable per tal que, en el moviment de descens de la tecla, es restableixi novament l'enllaç *F-F'* entre el martell i la palanca 4.

El dispositiu d'escapament és funcionalment necessari, ja que, en cas contrari, en finalitzar la pulsació, el martell quedaria aplicat contra la corda i apagaria el so. Cada corda porta un apagador (no representat en les figures) que se'n separa mentre la tecla es manté polsada, tot permetent així el manteniment de la vibració.

Aquest mecanisme il·lustra dos aspectes molt interessants de l'esquematització de mecanismes:

a)   Un d'aquests és l'establiment d'equivalències entre els enllaços reals i els parells cinemàtics de l'esquema: la tecla s'enllaça amb la base (punt *A*) per mitjà d'un pivot fix en una ranura trapezoïdal de la tecla, assimilable a un parell de revolució; l'enllaç entre la tecla i el balancí (punt *B*) permet el rodolament i el lliscament, i és assimilable a un parell superior en el pla; finalment, l'enllaç entre la palanca 4 i el martell (enllaç *F-F'*) dóna lloc a un rodolament sense lliscament (abans de l'escapament) sobre un arc de radi molt petit, i és assimilable a un parell de revolució.

b)   L'altre aspecte és que en aquest, com en molts altres mecanismes, l'esquema canvia d'estructura en les diferents fases del moviment (vegeu Fig. 1.20b, 1.20c i 1.20d).

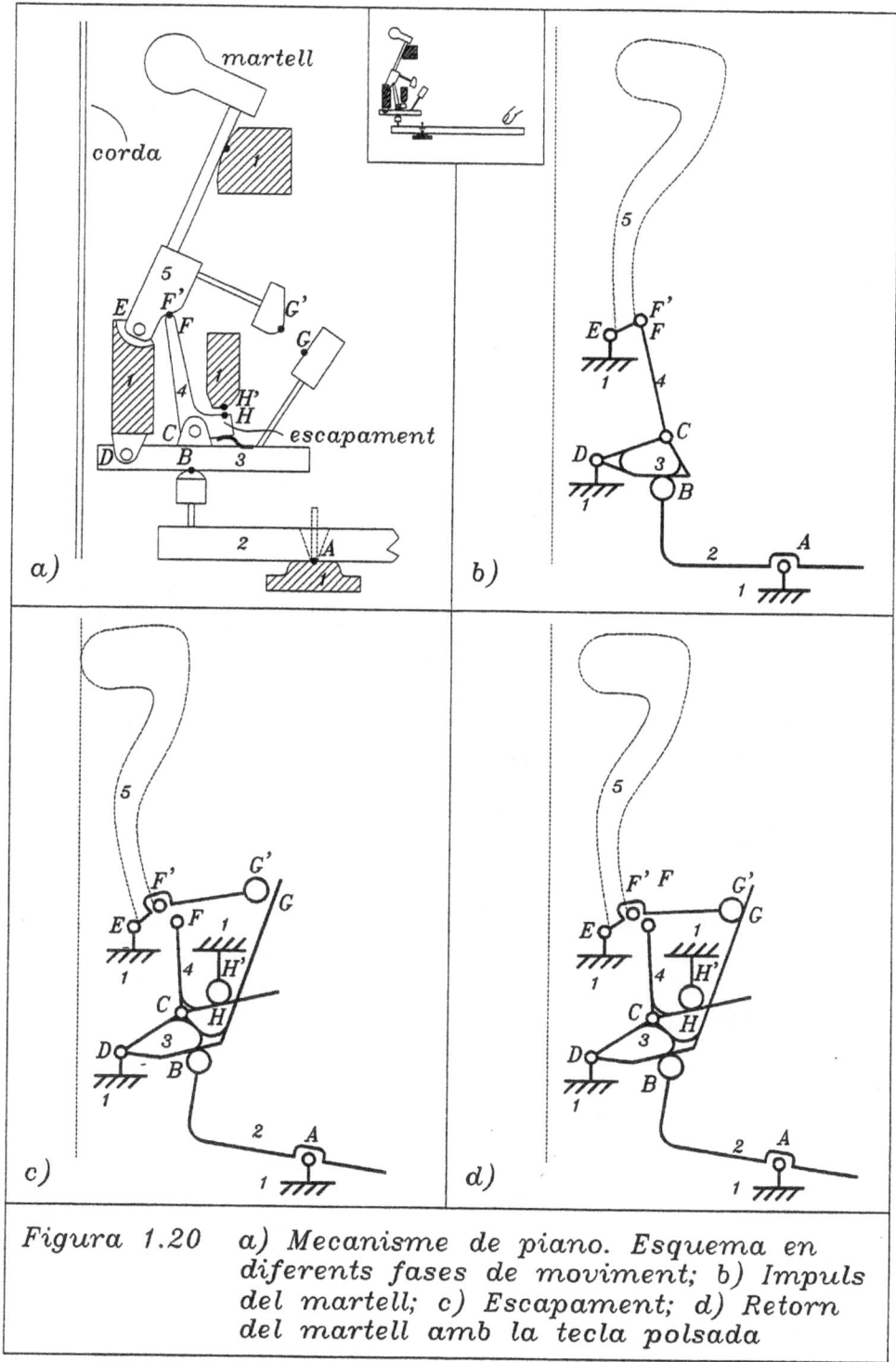

Figura 1.20   a) Mecanisme de piano. Esquema en diferents fases de moviment; b) Impuls del martell; c) Escapament; d) Retorn del martell amb la tecla polsada

*Mecanisme de transmissió de locomotora,
tipus Siemens-Schuckert*

En les locomotores ràpides s'ha vist la necessitat de disminuir les masses
no suspeses. Una de les solucions possibles és fixar el motor en el *bogie*
i transmetre el moviment de rotació a les rodes per mitjà d'un mecanisme
articulat que admeti els moviments de la suspensió. S'han creat nombrosos
mecanismes que realitzen aquesta funció, un dels quals és el de Siemens-
Schuckert, representat en la figura 1.21a (amb el corresponent esquema de
la figura 1.21b), que actua de la manera següent:

a) Per un costat, transmet el moviment de rotació i el parell de forces
entre l'arbre d'entrada 1 i el de les rodes 5, efecte que s'aconsegueix
gràcies al paral·lelisme entre l'eix del parell de revolució *A*, i les alinea-
cions donades pels parells esfèrics *B-C* i *D-E*, sempre que els centres
d'aquestes quatre ròtules es separin poc d'un mateix pla.

b) I, per altre costat, possibilita que, fixat l'eix de l'arbre d'entrada, l'eix
de les rodes 5 pugui realitzar petits desplaçaments de translació en les
direccions radials *y* i *z* (compensació del moviment principal de la suspen-
sió), petits desplaçaments de translació en la direcció axial *x*, i desplaça-
ments angulars en les direccions *y* i *z* que compensen petites desalineacions
entre aquests eixos i eviten el forçament de la transmissió.

Robot industrial de 6 eixos

La figura 1.22a representa un robot industrial de tipus angular de 6 eixos,
amb una estructura articulada de bucle obert, de tipus angular (model S-40
de l'empresa japonesa fabricant de robots FANUC). La figura 1.22b dóna
l'esquema de l'estructura articulada del robot, la qual presenta dues parts
diferenciades:

a) El braç, format pels parells de revolució (en robòtica, articulacions, o
eixos) *A*, *B* i *C* (el primer vertical, i els dos següents horitzontals i
paral·lels, característica dels robots angulars), i els membres 2, 3 i 4.

b) El puny, format pels parells de revolució *D*, *E* i *F* (en aquest cas es
tallen dos a dos amb interseccions molt pròximes), i els membres 5, 6 i 7,
el darrer dels quals porta el terminal (prensor o eina).

a)   b)

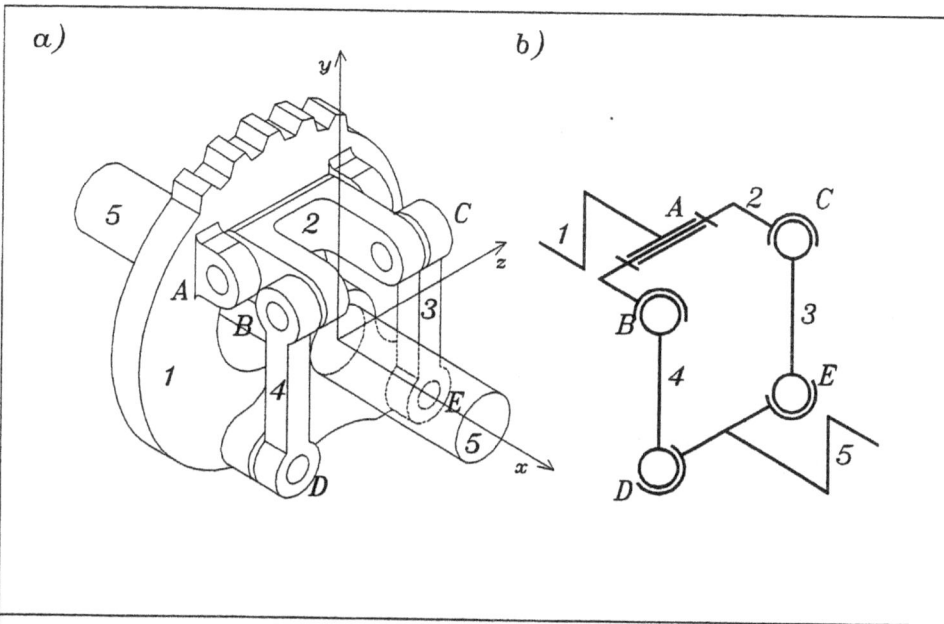

Figura 1.21   a) Mecanisme de transmissió de
                    locomotora Siemens–Schuckert
                 b) Esquema cinemàtic espacial

a)   b)

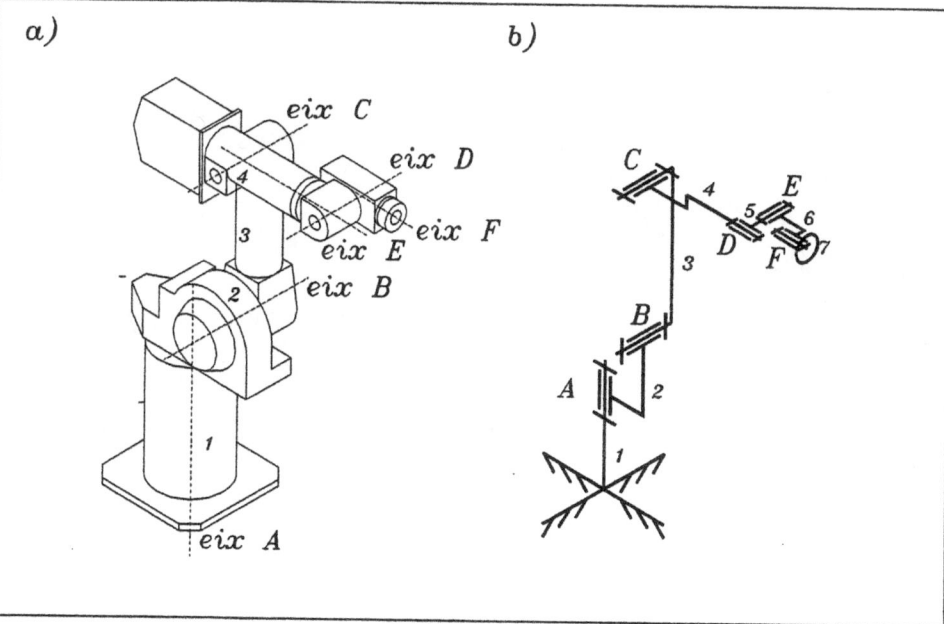

Figura 1.22   a) Robot industrial de 6 eixos
                 b) Esquema cinemàtic espacial

2 Disseny estructural de mecanismes

2.1 Anàlisi i síntesi estructural

Anàlisi i síntesi

L'estudi dels mecanismes presenta dos punts de vista oposats en els seus objectius i en les seves metodologies sobre els mateixos objectes tècnics: l'anàlisi i la síntesi.

L'*anàlisi* consisteix en l'estudi de les funcions (o del comportament) d'un mecanisme definit en totes les determinacions (geometria, dimensions, càrregues, masses, rigideses i dissipació) dels membres i parells cinemàtics que el componen.

La *síntesi* consisteix en la fixació de totes o part de les determinacions d'un mecanisme (l'estructura, la geometria i dimensions cinemàtiques fonamentalment, però també altres determinacions com la distribució de les masses) a partir de l'enunciat de la funció (o del comportament) requerit, de forma exacta o aproximada.

L'objectiu de la síntesi és més pròxim al disseny de mecanismes (de la funció a les determinacions) que l'anàlisi (procés invers), tot i que sovint la falta de recursos de la síntesi fa que es parteixi d'una intuïció i posteriorment es realitzi una comprovació de la funció per mitjà de l'anàlisi.

Els mètodes de l'anàlisi tenen el suport d'una extensa i consolidada bibliografia, mentre que els mètodes de la síntesi presenten una bibliografia més recent i fragmentada. En aquest text se centra l'atenció en la síntesi i en la seva relació amb el disseny de mecanismes.

Síntesi estructural i síntesi dimensional

A partir de l'enunciat d'una funció requerida, la tasca de dissenyar el mecanisme que la compleixi es divideix en dues etapes:

La *síntesis estructural*, que consisteix a determinar l'estructura del mecanisme (tipus, nombre i disposició dels elements) adequat a la funció requerida. Aquesta primera etapa del disseny, basada en un component molt important d'experiència, es desenvolupa en aquest capítol.

La *síntesi dimensional*, que consisteix a obtenir unes dimensions del mecanisme que s'ajustin a la funció requerida. L'ajust és aproximat en la majoria de les aplicacions, i d'aquí també el nom d'optimització dimensional. Aquesta segona etapa del disseny, que disposa ja de metodologies més madures, es desenvolupa en el proper capítol (Cap. 3).

Síntesi estructural: tipus i nombre

L'estructura d'un mecanisme està relacionada amb el *tipus* d'elements que el componen (membres i parells cinemàtics), i amb el *nombre* i disposició d'aquests elements. La *síntesi estructural* es divideix, doncs, en:

Síntesi de tipus, que consisteix a determinar el tipus de mecanisme (articulat, tren d'engranatges, lleva-seguidor, sistemes de frec, etc.) adequat per complir una funció requerida. En aquesta fase inicial del disseny d'un mecanisme hi incideixen factors diversos, molts externs a la ciència dels mecanismes (processos de fabricació, materials disponibles, consideracions d'espai, de costos, de seguretat), per la qual cosa sol intervenir-hi més l'experiència del dissenyador que l'aplicació de tècniques específiques de síntesi. Unes primeres orientacions sobre la selecció del tipus de mecanismes es donen a la propera secció (Sec. 2.2)

Síntesi de nombre, que tracta del nombre de membres i del nombre de parells cinemàtics necessaris per obtenir el grau de mobilitat requerit en un mecanisme, o per conèixer (i eventualment evitar) el grau d'hiperstaticitat d'un mecanisme, d'una estructura o d'una simple unió per encaix entre peces. Per a aquesta fase del procés de disseny es disposa de tècniques de major aplicació pràctica que en el cas anterior, a cavall entre l'anàlisi i la síntesi, algunes de les quals es presenten en una propera secció (Sec. 2.3).

2.2 Tipologia de mecanismes

Tipus de mecanisme i aplicació

L'adopció del tipus de mecanisme per a una determinada aplicació és una decisió bàsica que condiciona tot el procés posterior de disseny d'una màquina. Una elecció encertada pot proporcionar una solució robusta, econòmica i fiable, mentre que una elecció desencertada pot donar lloc a una màquina que arrossegui problemes durant tota la seva vida útil.

Com ja s'ha dit, en l'elecció del tipus de mecanisme hi intervenen una gran diversitat de factors, molts dels quals tenen en compte aspectes relacionats amb el cicle de vida de la màquina, externs a la ciència dels mecanismes. És per això que l'experiència i el coneixement global de les màquines no poden ser bandejats d'aquest procés.

Hi ha dos aspectes generals a tenir en compte en l'elecció del tipus de mecanisme per a una aplicació determinada:

La *simplicitat*. Cal evitar un nombre excessiu d'elements (especialment d'enllaços: cost dels components, acabat superficial, lubricació, protecció), i l'existència d'hiperstaticitat en cadenes cinemàtiques tancades (exigències de precisió en peces i enllaços, i forçament del mecanisme en el muntatge i en el funcionament). La simplicitat redunda favorablement en uns baixos costos, una fabricació fàcil i una fiabilitat correcta.

L'*ocupació d'espai*. Cal tenir molt present el volum ocupat per un mecanisme i l'espai escombrat en el seu moviment, així com també les característiques i les direccions d'aquesta ocupació d'espai (esfèric, allargat, aplanat; central, lateral, etc.). L'ocupació d'espai acostuma a ser un dels criteris fonamentals en l'elecció del tipus de mecanisme.

Classificacions dels mecanismes

Per emmarcar els exemples d'elecció del tipus de mecanisme, es presenten diverses de les tipologies de mecanismes més freqüents, classificades seguint tres punts de vista:

A) Estructural. Punt de vista segons el tipus, nombre i disposició de membres i parells cinemàtics del mecanisme:

*A*1. *Mecanismes articulats.* Mecanismes formats per cadenes cinemàtiques amb parells inferiors (fonamentalment amb parells de revolució i prismàtics), adequats per a sistemes de guiatge i també per a mecanismes de transmissió. Els principals tipus són: quadrilàter articulat; paral·lelogram articulat (Fig. 2.1a); quadrilàter d'una corredora; quadrilàter de dues corredores; quadrilàter esfèric (Fig. 2.1b); mecanismes articulats de més de quatre barres; mecanismes articulats de cadena oberta (estructura articulada dels robots).

*A*2. *Mecanismes amb parells superiors.* Mecanismes en què intervé un o més parells superiors. Proporcionen una major llibertat d'elecció perquè hi intervenen un major nombre de paràmetres de disseny, i en general s'adapten millor als sistemes de transmissió. Els principals tipus són: mecanismes de lleva (de disc, plana, de barrilet) (Fig. 2.6a); engranatges cilíndrics, cònics, encreuats (i trens d'engranatges) (Fig. 2.4b, c, d, e i f); perfils rodolants; mecanismes intermitents (de creu de Malta); mecanismes de cadell.

*A*3. *Mecanismes de fricció i adherència.* Cal l'aplicació d'una força normal entre les superfícies on es produeixen les forces de fricció o d'adherència: roda de tracció; transmissió de rodes de fricció (Fig. 2.4a i Fig. 2.6b; corretges planes i trapezoïdals; transmissió per cable-tambor; frens, embragatges i limitadors de parell.

*A*4. *Mecanismes elàstics.* Mecanismes en què hi ha moviments importants originats per l'elasticitat d'alguns membres. Per exemple: transmissions per cable-funda (Fig. 2.2a); transmissions per corretja (Fig. 2.5a). En alguns casos, el moviment elàstic és equivalent al d'un - parell cinemàtic: articulacions elàstiques (Fig. 2.2b). En d'altres casos permeten petits moviments que eviten la transmissió de vibracions (suspensions elàstiques).

*A*5. *Mecanismes hidràulics i pneumàtics.* Mecanismes en què intervé la presència d'un fluid, ja sigui un líquid: mecanismes hidràulics (acoblament hidràulic, amortidor, cilindre, motor, bomba) (Fig. 2.3a); ja sigui un gas: mecanismes pneumàtics (suspensió pneumàtica, cilindre, motor, compressor) (Fig. 2.3b).

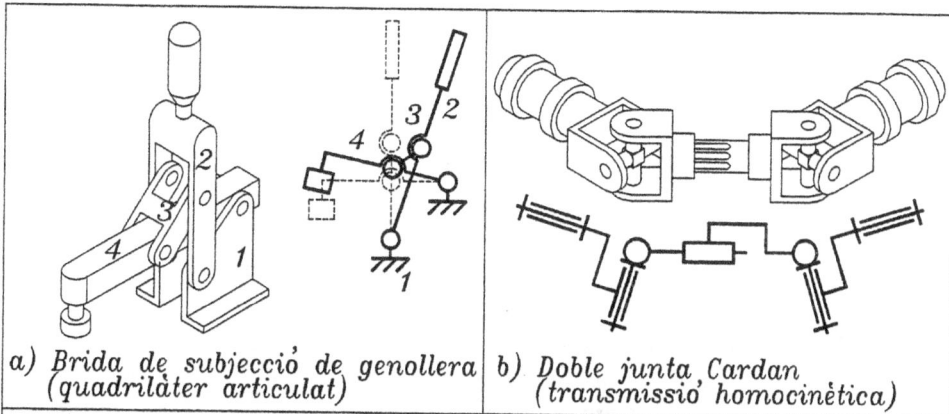

a) Brida de subjecció de genollera (quadrilàter articulat)

b) Doble junta Cardan (transmissió homocinètica)

Figura 2.1   Mecanismes articulats

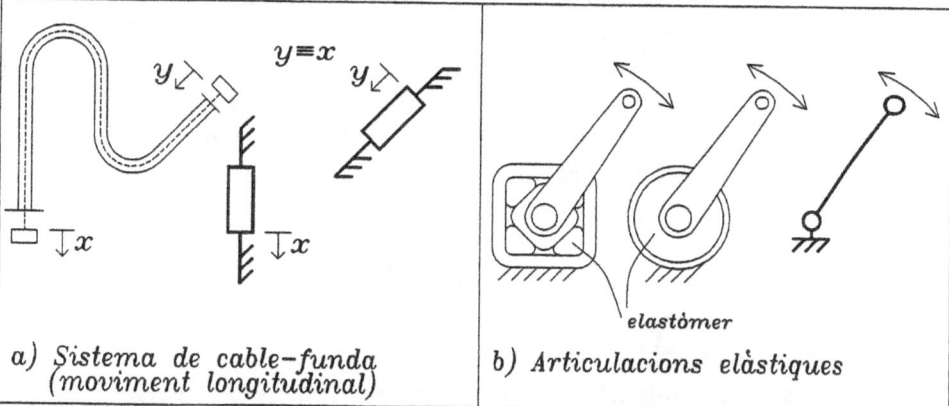

a) Sistema de cable–funda (moviment longitudinal)

b) Articulacions elàstiques

elastòmer

Figura 2.2   Mecanismes amb elements elàstics

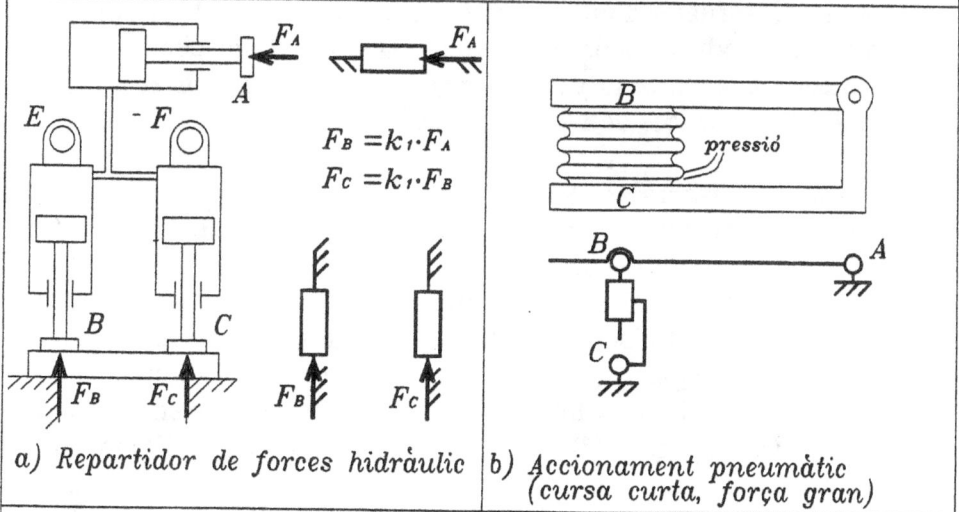

$$F_B = k_1 \cdot F_A$$
$$F_C = k_1 \cdot F_B$$

pressió

a) Repartidor de forces hidràulic

b) Accionament pneumàtic (cursa curta, força gran)

Figura 2.3   Mecanismes hidràulics i pneumàtics

B) Funcional. Punt de vista segons les funcions mecàniques que realitzen els mecanismes:

B1. *Mecanismes de guiatge* (Fig. 2.1a, Fig. 2.2b). Mecanismes que tenen per funció principal limitar el moviment d'un punt o d'un membre d'un mecanisme i alhora suportar les reaccions derivades d'aquestes limitacions cinemàtiques: sistemes de guiatge de rotació i de translació; mcanismes articulats en general; guiatges elàstics.

B2. *Mecanismes de transmissió de relació constant* (Fig. 2.4, Fig. 2.5). Són aquells en què la relació de transmissió es manté constant en tot moment. Cal distingir entre: *a*) mecanismes de transmissió síncrona (enllacen els membres per mitjà de dents o sistemes de desplaçament positiu): engranatges i trens d'engranatges; pinyó-cremallera; transmissions de cargol-femella; per cadena; per corretja dentada; per cable-funda; paral·lelogram articulat; *b*) mecanismes de transmissió per adherència (es produeixen petits lliscaments funcionals causats per l'elasticitat dels materials): roda de tracció; transmissions per rodes de fricció i per corretja (quan la relació és constant).

B3. *Mecanismes de transmissions de relació variable*. Hi ha dos tipus de mecanismes de transmissió de relació variable: *a*) Aquells en què la variació de la relació de transmissió es produeix al llarg d'un cicle (Fig. 2.6a): mecanismes de lleva; perfils rodolants; mecanismes intermitents; mecanismes de cadell; quadrilàter articulat, no parallelogram; quadrilàter d'una i dues corredores; *b*) Aquells en què la variació es produeix sobre la base d'una transmissió contínua de moviment i una variació de la relació de transmissió en el temps (Fig. 2.6b): variadors de rodes de fricció i de corretja.

B4. *Mecanismes de maniobra*. Són: *a*) Acoblaments (Fig. 2.7a), que enllacen axialment dos arbres de forma permanent; *b*) Embragatges (2.7b), que permeten connectar i desconnectar a voluntat dos arbres en moviment; *c*) Embragatges automàtics (Fig. 2.7c), si la connexió o desconnexió es produeix sense la intervenció d'una ordre específica: limitadors de parell (es desacoblen quan el parell sobrepassa un determinat valor) i rodes lliures (sols transmeten moviment en un sentit); *d*) Frens (Fig. 2.7d), que permeten immobilitzar o limitar el moviment de rotació d'un arbre; vàlvules pneumàtiques i hidràuliques; amortidors d'impacte.

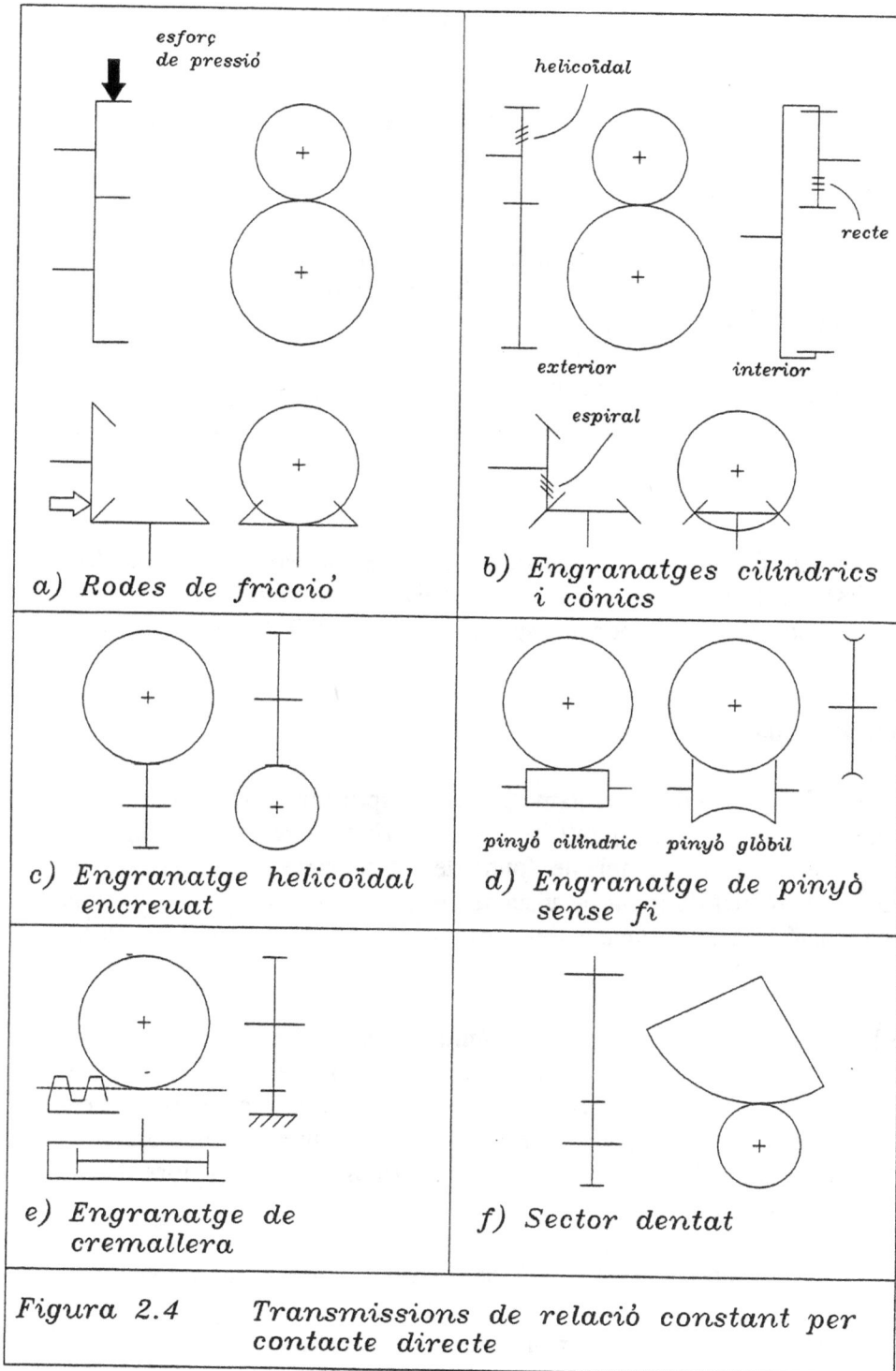

esforç de pressió

helicoïdal

exterior   *interior*   *recte*

espiral

a) *Rodes de fricció*

b) *Engranatges cilíndrics i cònics*

c) *Engranatge helicoïdal encreuat*

d) *Engranatge de pinyó sense fi*

pinyó cilíndric   *pinyó glòbil*

e) *Engranatge de cremallera*

f) *Sector dentat*

Figura 2.4   *Transmissions de relació constant per contacte directe*

C) **Caràcter**. Punt de vista segons la importància del moviment i de les forces implicades:

C1. *Mecanismes cinemàtics*. Els moviments són determinants i les forces són nul·les o molt petites. Per exemple: mecanisme de *zoom* d'una càmera fotogràfica.

C2. *Mecanismes estàtics*. Les forces són determinants i els moviments són nuls o molt lents. Per exemple: mecanisme d'extensió del braç d'una grua de port.

C3. *Mecanismes de potència*. Són alhora importants els moviments i les forces i, per tant, les potències. Per exemple: transmissió d'un automòbil.

El símbols gràfics utilitzats corresponen fonamentalment a la norma ISO 3952-1981 (parts 1, 2 i 3), que té per títol *Esquemes cinemàtics - Símbols gràfics* (coincident amb la norma espanyola UNE 1-099-83, parts 1, 2 i 3).

Elecció del tipus de mecanisme

En l'elecció del tipus de mecanisme per a una aplicació determinada s'han de tenir en compte els tres punts de vista anteriors; això és, cal elegir un tipus d'*estructura* de mecanisme (punt de vista primer) que satisfaci la *funció* bàsica requerida (punt de vista segon), tenint en compte el *caràcter* de l'aplicació i la importància del moviment i de les forces implicades (punt de vista tercer).

Per a la major part de les funcions mecàniques requerides existeixen diversos tipus d'estructura de mecanisme que les satisfan; per tant, el caràcter de l'aplicació amb les seves exigències constructives, juntament amb altres determinacions (ergonòmiques, de seguretat, de fiabilitat, de costos, etc.) i la consideració de la complexitat i l'espai necessari, són factors determinants en l'elecció entre diverses alternatives.

A continuació es mostra el procés de selecció del tipus de mecanisme per a tres casos genèrics d'aplicació. Per a una concreció més gran caldria precisar amb més detall les determinacions de l'aplicació.

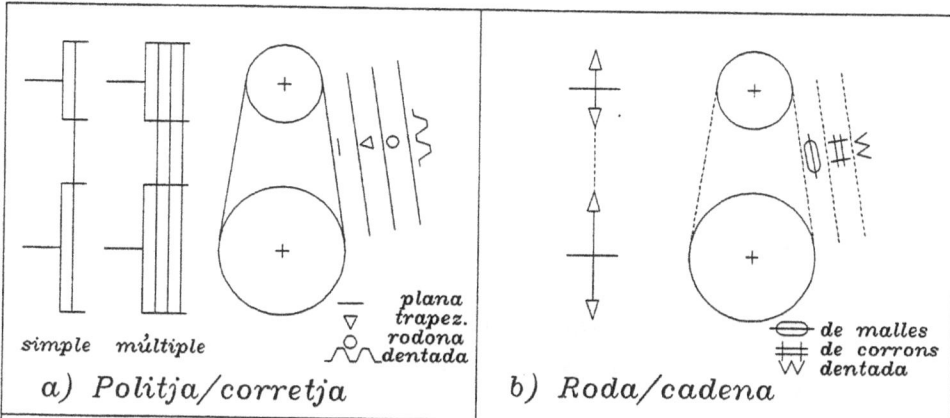

a) *Politja/corretja*

simple   múltiple

— plana
▽ trapez.
○ rodona
〰 dentada

b) *Roda/cadena*

⊖ de malles
de corrons
W dentada

Figura 2.5   *Transmissions de relació constant per mitjà d'element flexible*

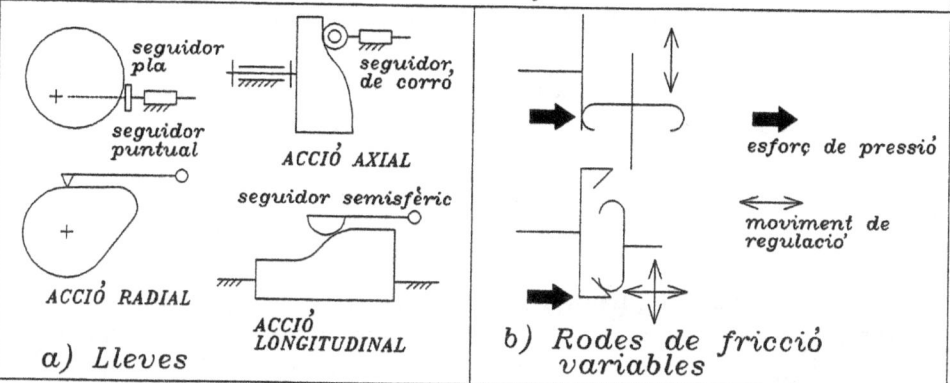

seguidor pla
seguidor puntual
seguidor de corró
ACCIÓ AXIAL
seguidor semisfèric
ACCIÓ RADIAL
ACCIÓ LONGITUDINAL

a) *Lleves*

esforç de pressió

moviment de regulació

b) *Rodes de fricció variables*

Figura 2.6   *Transmissions de relació no constant*

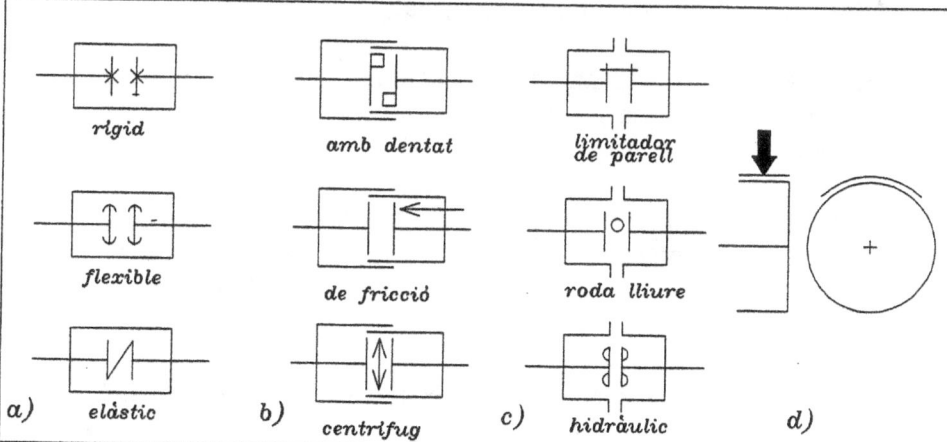

rígid

amb dentat

limitador de parell

flexible

de fricció

roda lliure

a)   elàstic

b)   centrífug

c)   hidràulic

d)

Figura 2.7   *Mecanismes de maniobra: a) Acoblaments; b) Embragatges; c) Embragatges automàtics; d) Frens*

Cas 1
Guiatge de translació de cursa curta
(Forces de guiatge elevades)

Aquest guiatge es pot resoldre per mitjà de diferents mecanismes:

a) Sistema de guia de translació (diverses solucions) (Fig. 2.8a)
b) Doble mecanisme de guia de trajectòria rectilínia o quasi rectilínia (mecanismes de Watt, a la figura 2.8b)
c) Paral·lelogram articulat (Fig. 2.8c)
d) Guiatge elàstic de doble làmina encastada (Fig. 2.8d)

Alguns dels punts de vista que incideixen sobre l'elecció són:

1. *Exactitud.* El sistema de guia de translació realitza un moviment rectilini exacte, el doble mecanisme permet ajustar-se molt a la trajectòria rectilínia, mentre que el paral·lelogram articulat i el guiatge elàstic realitzen moviments aproximats.

2. *Cursa.* La longitud de la cursa útil (o possible) va disminuint quan es recorren les solucions proposades de la primera a la darrera.

3. *Espai necessari.* La guia de translació demana un espai relativament gran respecte a la cursa en la direcció del moviment, el doble mecanisme és molt voluminós en la direcció transversal, mentre que els restants dos sistemes ocupen un espai important en la direcció perpendicular al moviment i en un costat.

4. *Solució constructiva.* El guiatge elàstic és el més senzill (sense parts mòbils, ni necessitat de lubricació), però pot presentar ruptura per fatiga, sobretot si no hi ha topalls de fi de cursa). El paral·lelogram articulat i el doble mecanisme exigeixen 4, o 10, articulacions, respectivament, que s'han de resoldre amb 8, o 20, rodaments o coixinets (lubricació, protecció). Finalment, els sistemes de guia de translació són dispositius cars, relativament poc robusts i que necessiten lubricació i protecció de la guia.

5. *Vibracions.* El guiatge elàstic pot donar lloc a vibracions de freqüència pròpia baixa (sobretot si la massa guiada és important), mentre que les altres solucions no donen lloc a aquest problema, almenys a causa del sistema de guiatge.

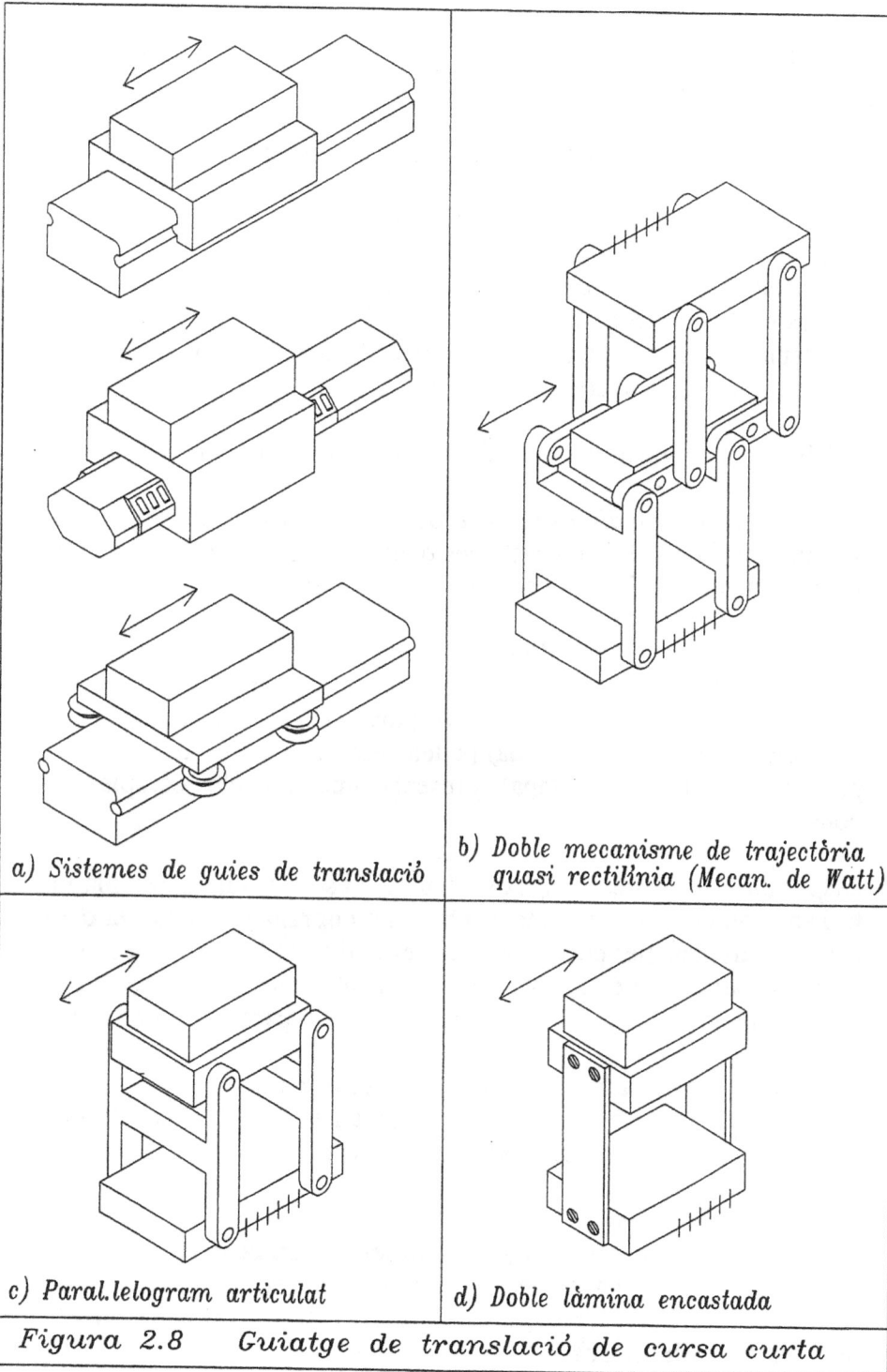

a) Sistemes de guies de translació

b) Doble mecanisme de trajectòria quasi rectilínia (Mecan. de Watt)

c) Paral.lelogram articulat

d) Doble làmina encastada

Figura 2.8   Guiatge de translació de cursa curta

Cas 2.
Reducció silenciosa entre dos arbres
(Velocitat d'entrada ràpida; relació constant 1:10; parells reduïts)

Aquesta transmissió es pot resoldre per mitjà de diferents mecanismes:

a)   Tren d'engranatges paral·lels (Fig. 2.9a)
b)   Tren d'engranatges planetari (Fig. 2.9b)
c)   Engranatge de pinyó sense fi (Fig. 2.9c)
d)   Rodes de fricció (Fig. 2.9d)
e)   Transmissió per corretja de secció plana o circular (Fig. 2.9e)
f)   Transmissió per corretja dentada (Fig. 2.9f)

Alguns dels punts de vista que incideixen sobre l'elecció són:

1.   *Transmissió síncrona/no sincrona.* Si la transmissió ha de ser síncrona, tan sols són vàlids els sistemes dentats (tots els engranatges i la corretja dentada). En cas contrari, tots els sistemes són vàlids.

2.   *Nombre d'etapes.* El tren d'engranatges paral·lels i les transmissions per corretja se solen resoldre amb més d'una etapa (probablement dues), mentre que l'engranatge de pinyó sense fi i les rodes de fricció (un eix contra una roda) poden resoldre-ho amb una. El tren planetari (d'una sola etapa) presenta una notable complexitat constructiva.

3.   *Disposició dels arbres.* Els eixos d'entrada i sortida en un tren planetari són colineals, mentre que en un tren d'engranatges paral·lel o en les transmissions per corretja poden ser colineals (gràcies a les dues etapes) o paral·lels; en l'engranatge de pinyó sense fi, els eixos s'encreuen, mentre que en les rodes de fricció són paral·lels o cònics.

4.   *Sistema de tensat.* Els engranatge no necessiten sistema de tensat, mentre que les rodes de fricció i les corretges en necessiten (si les corretges plana o circular són elàstiques, poden evitar aquest dispositiu).

5.   *Soroll.* Els trens d'engranatges (paral·lel i planetari) són els més sorollosos, i li segueixen les corretges dentades; l'engranatge de pinyó sense fi i les corretges de fricció (plana o rodona) són els sistemes més silenciosos.

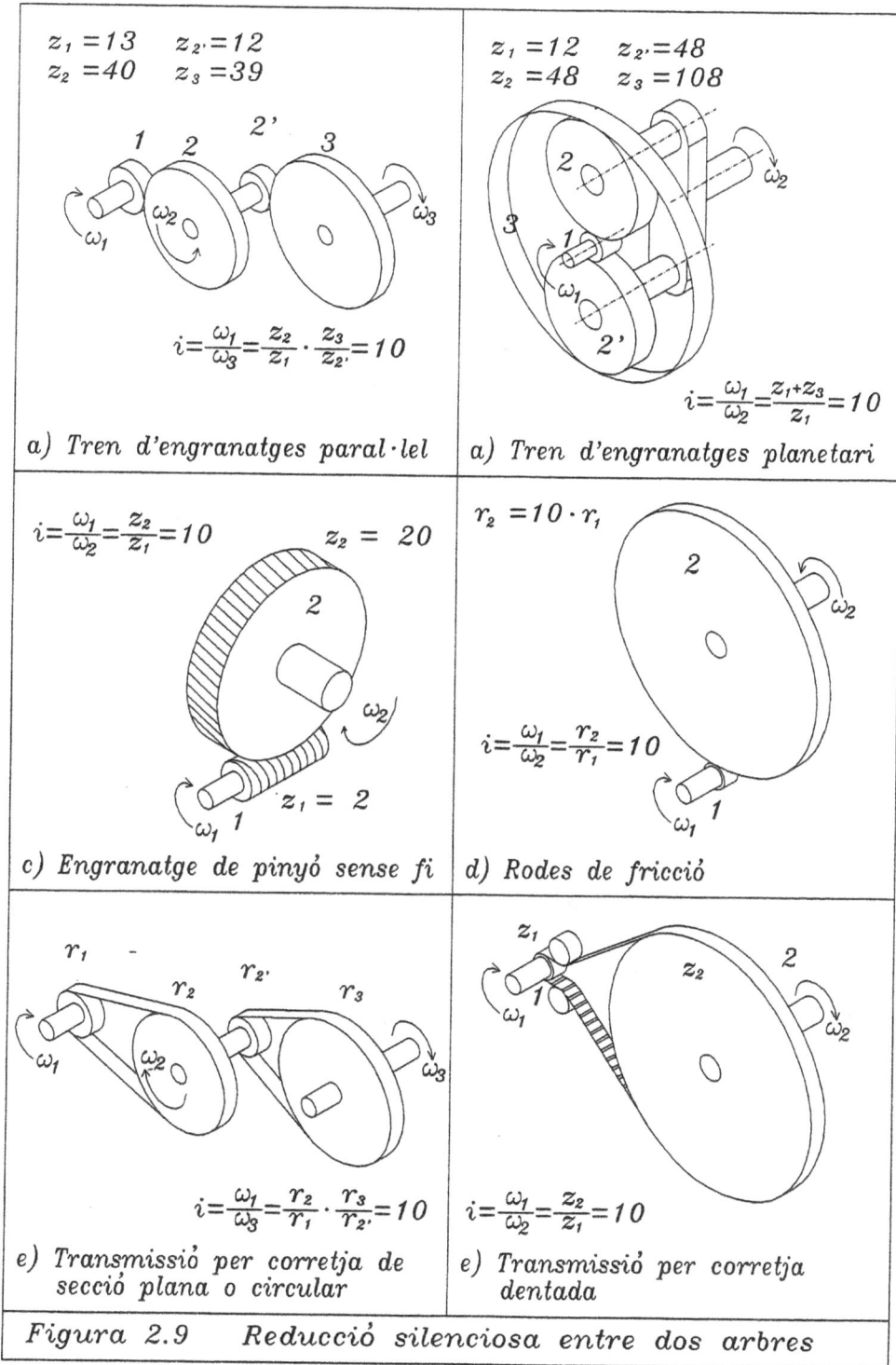

$z_1 = 13 \quad z_{2'} = 12$
$z_2 = 40 \quad z_3 = 39$

$$i = \frac{\omega_1}{\omega_3} = \frac{z_2}{z_1} \cdot \frac{z_3}{z_{2'}} = 10$$

a) Tren d'engranatges paral·lel

$z_1 = 12 \quad z_{2'} = 48$
$z_2 = 48 \quad z_3 = 108$

$$i = \frac{\omega_1}{\omega_2} = \frac{z_1 + z_3}{z_1} = 10$$

a) Tren d'engranatges planetari

$$i = \frac{\omega_1}{\omega_2} = \frac{z_2}{z_1} = 10 \qquad z_2 = 20$$

$z_1 = 2$

c) Engranatge de pinyó sense fi

$r_2 = 10 \cdot r_1$

$$i = \frac{\omega_1}{\omega_2} = \frac{r_2}{r_1} = 10$$

d) Rodes de fricció

$$i = \frac{\omega_1}{\omega_3} = \frac{r_2}{r_1} \cdot \frac{r_3}{r_{2'}} = 10$$

e) Transmissió per corretja de secció plana o circular

$$i = \frac{\omega_1}{\omega_2} = \frac{z_2}{z_1} = 10$$

e) Transmissió per corretja dentada

Figura 2.9   Reducció silenciosa entre dos arbres

Cas 3
Generació d'un moviment alternatiu de translació
(a partir d'un moviment de rotació)

Aquesta funció es pot resoldre per mitjà de diferents mecanismes:

a)   Mecanisme de lleva i seguidor (de disc, frontal) (Fig. 2.10a)

b)   Quadrilàter d'una corredora (Fig. 2.10b)

c)   Arrossegament per una corretja o una cadena (Fig. 2.10c)

d)   Mecanisme de jou escocès (quadr. de dues corredores, Fig. 2.10d)

e)   Mecanisme de retrocés ràpid (Fig. 2.10e)

Alguns dels punts de vista que incideixen sobre l'elecció són:

1.   *Caratecrística del moviment.* El mecanisme de jou escocès crea un moviment alternatiu sinusoïdal. El quadrilàter d'una corredora i el mecanisme de retrocés ràpid creen moviments amb certa distorsió respecte al sinusoïdal; en aquest darrer el temps d'avanç acusadament més llarg que el de retrocés. L'arrossegament per corretja o cadena crea moviments uniformes d'anada i tornada, amb inversions brusques en els extrems. Finalment, el sistema de lleva permet determinar la posició, la velocitat i l'acceleració del moviment (aturades incloses) per a qualsevol posició de l'arbre d'entrada.

2.   *Cursa.* El sistema d'arrossegament per corretja o per cadena permet, de molt, la cursa més llarga. En el quadrilàter d'una corredora i en el mecanisme de jou escocès, la cursa ve donada per la longitud del manubri, mentre que en el mecanisme de retrocés ràpid presenta un efecte amplificador (pot ser regulable). Finalment, els mecanismes de lleva proporcionen, en general, una cursa curta (no regulable).

3.   *Guiatge.* Generalment, tots els mecanismes descrits comporten el guiatge del membres conduït, a excepció del sistema d'arrossegament per corretja i per cadena, que demanen un guiatge exterior específic per a aquest element.

4.   *Forces d'inèrcia.* Els mecanismes de lleva són els que controlen millor els efectes de la inèrcia, mentre que els sistemes d'arrossegament per corretja o cadena no són adequats per a sistemes ràpids amb masses importants. Els altres sistemes es troben en una situació intermèdia.

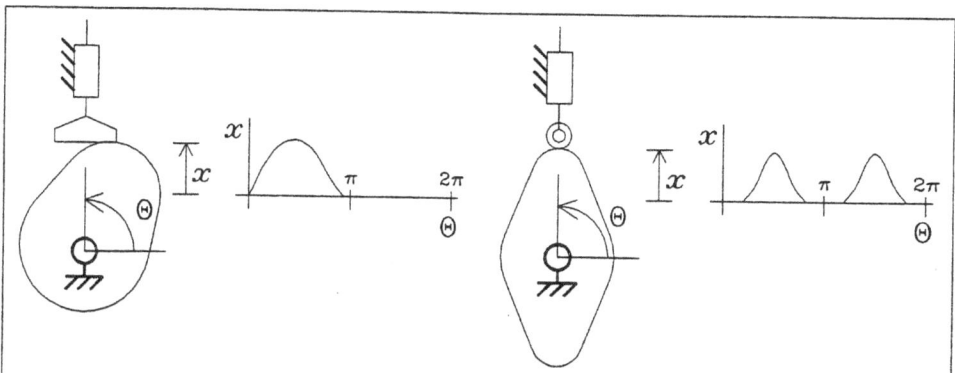

a) Mecanismes de lleva i seguidor

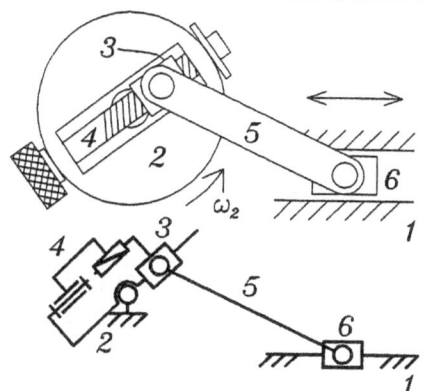

b) Quadrilàter d'una corredora (regulable)

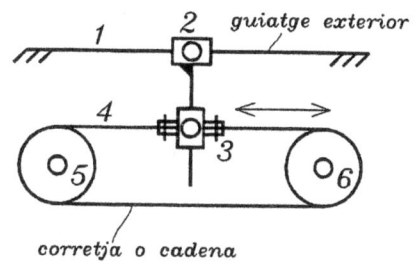

c) Arrossegament per corretja

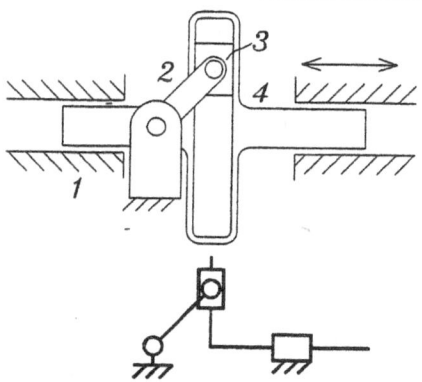

d) Mecanisme de jou escocès

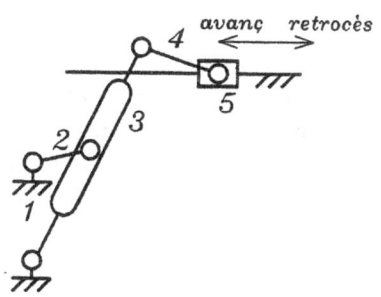

e) Mecanisme de retrocès ràpid

Figura 2.10   Generació d'un moviment alternatiu de translació

2.3 Mobilitat de mecanismes

Conceptes sobre mobilitat

Grau de mobilitat, m. Indica, per a una posició determinada, la capacitat d'una cadena cinemàtica de moure's de diferents maneres i és una conseqüència de l'organització (tipus, nombre i disposició) dels seus elements (membres i parells cinemàtics). El grau de mobilitat és un concepte que resulta de l'estudi de les equacions del moviment d'una cadena cinemàtica. El grau de mobilitat pot prendre valors enters iguals o superiors a zero. Quan el grau de mobilitat és $m \geq 1$, la cadena cinemàtica pren el nom de mecanisme, mentre que si el grau de mobilitat és $m=0$, la cadena cinemàtica pren el nom d'estructura.

Grau d'hiperstaticitat, h. Indica les restriccions excessives que presenta una cadena cinemàtica i també és una conseqüència de l'organització (tipus, nombre i disposició) dels seus elements (membres i parells cinemàtics). El grau d'hiperstaticitat és un concepte que resulta de l'estudi de les equacions de l'equilibri de forces en una cadena cinemàtica. El grau d'hiperestaticitat pot prendre valors enters iguals o superiors a zero. Quan el grau d'hiperstaticitat és $h=0$, la cadena cinemàtica és isostàtica (o estàticament determinada), mentre que quan el grau d'hiperstaticitat és $h \geq 1$, la cadena cinemàtica és hiperestàtica (o estàticament indeterminada; els jocs i les elasticitats influeixen en les forces d'enllaç).

Una visió simplificada sobre el tema podria fer pensar que els conceptes de mobilitat i hiperstaticitat són mútuament excloents. Això és, que els mecanismes presenten un determinat grau de mobilitat superior a zero ($m>0$) i un grau d'hiperstaticitat nul ($h=0$), mentre que les estructures presenten un grau de mobilitat nul ($m=0$) i un grau d'hiperstaticitat igual o superior a zero ($h \geq 0$).

La realitat és una mica més complexa per als mecanismes, ja que en aquests pot coexistir un determinat grau de mobilitat superior a zero ($m>0$) amb un determinat grau d'hiperstaticitat també superior a zero ($h>0$). El tema de la mobilitat, que tant d'interès presenta en el disseny estructural de mecanismes, és estudiat a continuació des d'un punt de vista global.

Taula-resum. Aquesta taula resum conté els símbols i les definicions dels conceptes que es desenvolupen a les planes següents, juntament amb les principals equivalències matemàtiques:

	Equivalència	Definició
n		Nombre de membres (inclosa la base)
k		Grau de llibertat d'un parell cinemàtic (classes $k = 1 \div (d\text{-}1)$)
d		Dimensió (espai: $d{=}6$; pla: $d{=}3$)
p_k		Nombre de parells cinemàtics de classe k
p	$\sum p_k$	Nombre total de parells cinemàtics
μ	$p\text{-}n{+}1$	Nombre de bucles independents
f	$\sum k \cdot p_k$	Suma de llibertats dels parells cinemàtics
r	$\sum (d\text{-}k) \cdot p_k =$ $d \cdot p\text{-}f$	Suma de restriccions dels parells cinemàtics
e_c	$d \cdot \mu$	Nombre d'equacions de la cinemàtica
i_c	f	Nombre d'incògnites de la cinemàtica
r_c		Rang del sistema lineal d'equacions de la cinemàtica, per a una posició donada
e_e	$d \cdot (n\text{-}1)$	Nombre d'equacions de l'equilibri
i_e	r	Nombre d'incògnites de l'equilibri
r_e		Rang del sistema lineal d'equacions de l'equilibri, per a una posició donada
i_m	$m\text{-}h =$ $i_c\text{-}e_c = e_e\text{-}i_e$	Índex de mobilitat
m	$m_f{+}m_l$	Grau de mobilitat
h		Grau d'hiperstaticitat
m_f		Grau de mobilitat funcional
m_l		Grau de mobilitat local

Sistema d'equacions de la cinemàtica

Es parteix d'una cadena cinemàtica en una posició determinada.

Inicialment es considera una cadena cinemàtica oberta amb els membres connectats en sèrie. La cadena tindrà un grau de mobilitat (un nombre de possibles moviments independents) equivalent a la suma de graus de llibertat de cada un dels parells cinemàtics, $f = \sum k \cdot p_k$, ja que una cadena cinemàtica oberta no presenta més restriccions que les dels seus enllaços. Les relacions entre les velocitats dels diferents membres, obtingudes per mitjà de la composició dels torçors cinemàtics (referits a un mateix punt) són lineals.

La situació canvia quan la cadena cinemàtica forma un bucle (o anell tancat); en aquest cas, la suma de llibertats dels parells cinemàtics, f, és la mateixa, però el darrer membre de la cadena ja no té la possibilitat de moure's lliurement, sinó que ha de ser compatible amb l'enllaç amb el primer membre, que tanca el bucle. Aquest fet imposa que la composició dels torçors cinemàtics al llarg del cicle (referits a un mateix punt) sigui equivalent a un torçor nul. En l'espai, aquesta condició es tradueix en l'establiment de 6 equacions lineals homogènies entre les velocitats, mentre que en el pla, es tradueix en 3 equacions. Si el nombre de bucles d'una cadena cinemàtica és μ (més endavant es comenta com avaluar-lo), el nombre d'equacions de la cinemàtica és de $6 \cdot \mu$ a l'espai i de $3 \cdot \mu$ en el pla.

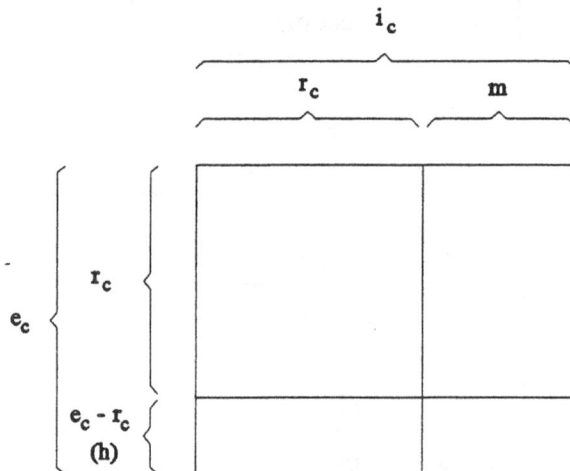

Figura 2.11 Representació del sistema d'equacions de la cinemàtica

Resumint: Les velocitats en una cadena cinemàtica de μ bucles i amb una suma de llibertats dels parells cinemàtics de f, han de ser compatibles amb un sistema lineal de $e_c = 6 \cdot \mu$ equacions homogènies en el qual hi ha $i_c = f$ incògnites (sistema representat esquemàticament a la figura 2.11). Un cop conegut el rang, r_c, del determinant principal d'aquest sistema (enter que, com a màxim, és el menor dels dos valors e_c i i_c), es poden establir els conceptes següents:

$i_c - r_c = m$ És el nombre d'incògnites cinemàtiques suplementàries que cal imposar al sistema perquè aquest tingui una solució única; per tant, corresponen al grau de mobilitat, m, del sistema.

$e_c - r_c$ És el nombre d'equacions cinemàtiques suplementàries, els determinants característics de les quals són tots nuls, ja que el sistema és homogeni; més endavant es comprovarà que es correspon amb el grau d'hiperstaticitat, h, del sistema.

El nombre de bucles d'una cadena cinemàtica s'avalua per mitjà de la fórmula $\mu = p - n + 1$; quan el nombre de membres, n, excedeix en 1 el nombre de parells cinemàtics, p, aleshores la cadena cinemàtica és oberta; qualsevol parell cinemàtic suplementari introdueix el tancament d'un bucle.

Sistema d'equacions de l'equilibri de forces

Es parteix, també, d'una cadena cinemàtica en una posició determinada.

Se separa la cadena cinemàtica en els diferents n membres i s'estableixen les condicions d'equilibri per a cada un (excepte la base, que suporta reaccions ja conegudes). L'equilibri de forces sobre un membre aporta 6 equacions lineals entre forces en l'espai i 3 en el pla. Atès que el nombre de membres sobre els quals s'apliquen aquestes condicions és $(n-1)$, el nombre d'equacions de l'equilibri resultant és de $6 \cdot (n-1)$ a l'espai i de $3 \cdot (n-1)$ en el pla.

Per altre costat, el nombre d'incògnites de l'equilibri i_e, coincideix amb la suma de restriccions dels parells cinemàtics del sistema, $r = \sum (6-k) \cdot p_k$, ja que cada restricció d'un parell cinemàtic origina una reacció en aquella direcció de valor desconegut.

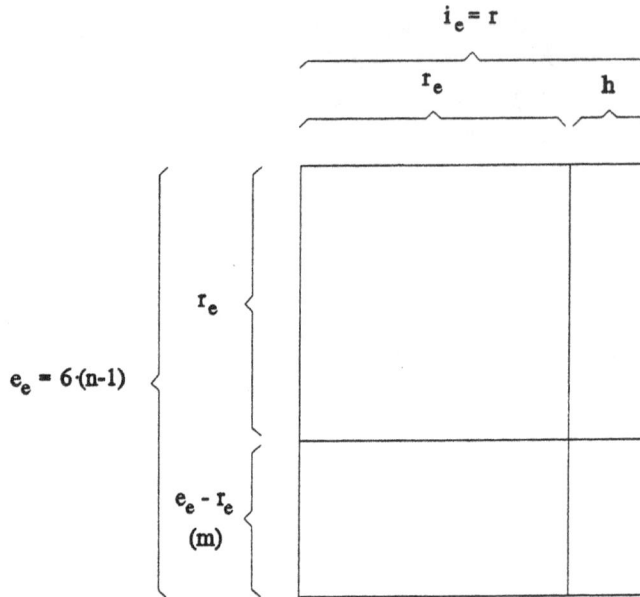

Figura 2.12   Representació del sistema d'equacions de l'equilibri

Resumint: Les forces en una cadena cinemàtica de n membres i amb una suma de restriccions dels parells cinemàtics de r, han de ser compatibles amb un sistema lineal no homogeni (les forces exteriors es passen al segon membre) de $e_e = 6 \cdot (n-1)$ equacions en el qual hi ha $i_e = r$ incògnites (sistema representat esquemàticament a la figura 2.12). Un cop conegut el rang, r_e, del determinant principal d'aquest sistema (enter que, com a màxim, és el menor dels dos valors e_e i i_e), es poden establir els conceptes següents:

$i_e - r_e = h$ És el nombre d'incògnites suplementàries (forces d'enllaç no calculables) que cal imposar al sistema perquè aquest tingui una solució única; per tant, correspon al grau d'hiperstaticitat, h, del sistema.

$e_e - r_e$ És el nombre d'equacions d'equilibri suplementàries, amb determinants característics no necessàriament nuls, ja que el sistema no és homogeni; més endavant es comprovarà que es correspon amb el grau de mobilitat, m, del sistema.

Respecte a les equacions d'equilibri suplementàries, es poden donar dos casos:

a)   Tots els determinants característics de les equacions d'equilibri suplementàries són nuls i, per tant, el sistema de forces exteriors està en equilibri (sistema estàtic).

b)   No tots els determinants característics de les equacions d'equilibri suplementàries són nuls; les condicions d'equilibri no es donen i el sistema de forces exteriors està en desequilibri (sistema dinàmic).

Visió de conjunt sobre la mobilitat

De les anteriors argumentacions sobre els sistemes d'equacions de la cinemàtica i de l'equilibri de forces, es poden destacar les dues definicions següents d'interès pràctic:

Grau de mobilitat: $m = i_c - r_c$

Grau d'hiperstaticitat: $h = i_e - r_e$

No és fàcil, però, d'avaluar per procediments senzills els rangs dels dos sistemes d'equacions, r_c i r_e, fet que dificulta l'obtenció d'aquests dos paràmetres en una cadena cinemàtica. Tanmateix, es poden establir noves relacions a partir de les consideracions següents:

a)   És interessant de comprovar que la diferència entre el nombre d'incògnites i el nombre d'equacions dels sistemes de la cinemàtica i de l'equilibri de forces pren el mateix valor, tot i que de signe contrari. Aplicant definicions ja conegudes, es poden establir les següents igualtats:

$$i_c - e_c = [\textstyle\sum k \cdot p_k] - [6 \cdot (p-n+1)] = [6 \cdot (n-1)] - [\textstyle\sum (6-k) \cdot p_k] = e_e - i_e$$

b)   En un mecanisme, amb parells cinemàtics perfectes de grau de mobilitat m, sotmès a un sistema de forces extern en equilibri, es poden establir, per mitjà del principi de les potències virtuals, m equacions lineals independents que relacionen aquestes forces exteriors. Aquestes m equacions són equivalents a les e_e-r_e equacions suplementàries, sempre que existeixi un equilibri de les forces exteriors. Per tant, es pot plantejar la igualtat següent:

$$m = e_e - r_e$$

A partir d'aquestes noves relacions i de la definició del rang del sistema d'equacions de l'equilibri de forces, $r_e = i_e - h$, s'arriba fàcilment a l'expressió de la fórmula de l'index de mobilitat:

$$i_m = m - h = i_c - e_c = e_e - i_e$$

Cal fer esment que les fórmules tradicionals de Grübler, en el pla i de Kutzbach, en l'espai, no proporcionen la mobilitat d'un mecanisme, sinó l'índex de mobilitat, i_m, obtingut per mitjà del següents còmputs:

Fórmula de Grübler (en el pla): $i_m = 3 \cdot (n-1) - \sum (3-k) \cdot p_k = e_e - i_e$

Fórmula de Kutzbach (en l'espai): $i_m = 6 \cdot (n-1) - \sum (6-k) \cdot p_k = e_e - i_e$

Consideracions pràctiques en l'estudi de la mobilitat

En l'estudi del comportament d'un mecanisme o d'una cadena cinemàtica en general, és d'interès tant el coneixement del seu grau de mobilitat, m, com del seu grau d'hiperstaticitat, h. El primer paràmetre proporciona informació sobre les possibilitats de moviment del mecanisme i pot donar l'alerta sobre si una determinada solució presenta una mobilitat escassa (o un bloqueig) o una mobilitat excessiva. Mentre que el segon paràmetre proporciona informació sobre el grau de forçament d'un mecanisme o d'una estructura, aspecte que està relacionat amb la precisió de fabricació, la facilitat de muntatge, els jocs que cal preveure en els enllaços i les elasticitats que cal donar als elements.

Si el mecanisme elegit no s'adapta a les necessitats de mobilitat requerides o presenta un grau d'hiperstaticitat no previst, és símptoma que cal fer canvis en el disseny de l'estructura del mecanisme.

Com s'ha vist en els paràgrafs anteriors, amb una simple comptabilització del nombre de membres i del nombre de parells cinemàtics, aquests darrers agrupats en classes, es pot avaluar l'índex de mobilitat, i_m ($i_m = m-h$). Sovint, aquest valor coincideix amb el grau de mobilitat, m (quan $h=0$). En altres casos, quan per mitjà d'altres consideracions (constatació pràctica, per raonament geomètric) es coneix el grau de mobilitat, m, les fórmules anteriors permeten avaluar el grau d'hiperstaticitat, h.

Si es desconeixen simultàniament el grau de mobilitat, m, i el grau d'hiper-estaticitat, h, és necessari un estudi complet de la cinemàtica (o de l'e-quilibri) per avaluar el rang del sistema, el tractament complet del qual depassa aquest text.

Cal tenir present diversos aspectes a fi de fer una interpretació correcta dels resultats de l'anàlisi de la mobilitat:

a)   En mecanismes plans sovint coincideixen més de dos membres en un parell de revolució; en aquest cas cal prendre un nombre de parells de revolució igual al nombre de membres menys un (exemples de les Fig. 2.15b i 2.16b).

b)   En alguns casos hi ha mobilitats locals, m_l (per exemple, una barra entre dues ròtules), que no influeixen en la mobilitat funcional, m_f, del mecanisme (exemple de la figura 2.18b).

c)   Els jocs en els parells cinemàtics i les elasticitats dels membres faci-liten el moviment de molts mecanismes amb un cert grau d'hiperesta-ticitat (per exemple, el quadrilàter articulat considerat a l'espai).

Exemples d'estudi de la mobilitat

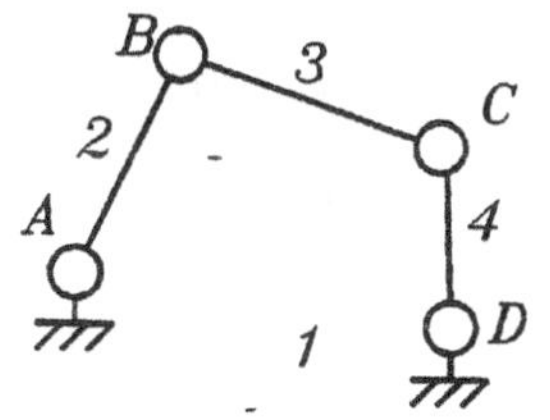

$n=4; \quad p=p_1=4$

$\mu=p-n+1=4-4+1=1$

$e_c=3\cdot\mu=3\cdot1=3$

$i_c=f=\sum_{k=1}^{2}k\cdot p_k=1\cdot4+2\cdot0=4$

$e_e=3\cdot(n-1)=3\cdot(4-1)=9$

$i_e=r=\sum_{k=1}^{2}(3-k)\cdot p_k=2\cdot4+1\cdot0=8$

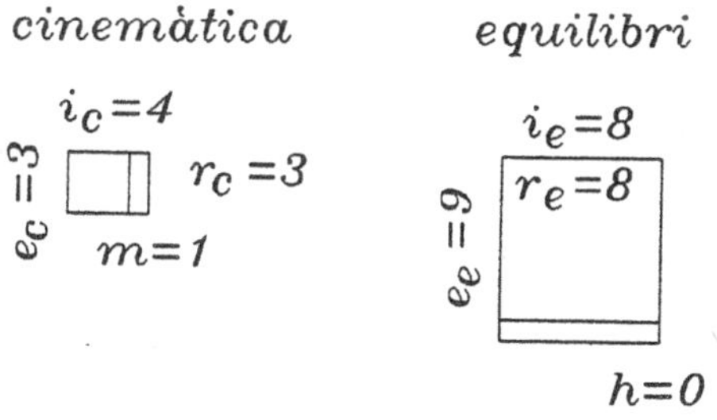

cinemàtica

$i_c=4$

$e_c=3 \quad \square \quad r_c=3$

$m=1$

equilibri

$i_e=8$

$e_e=9 \quad r_e=8$

$h=0$

$i_m=i_c-e_c=e_e-i_e=1=m-h$

$m=1 \qquad h=0$

Figura 2.13   Mobilitat del quadrilàter articulat en el pla

a)

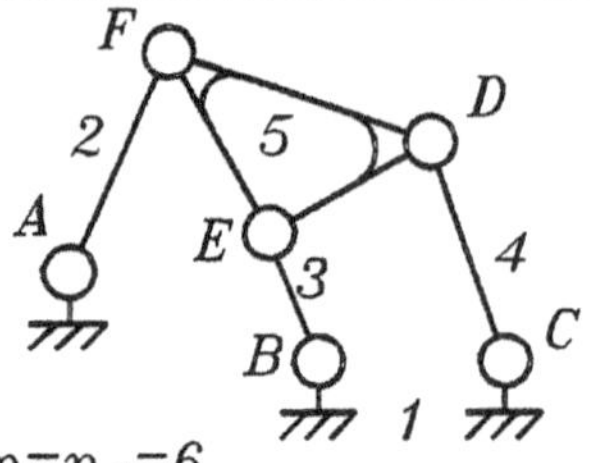

$n=5; \quad p=p_1=6$

$\mu=p-n+1=6-5+1=2$

$e_c=3\cdot\mu=3\cdot2=6$

$i_c=f=\sum_{k=1}^{2} k\cdot p_k=1\cdot6+2\cdot0=6$

$e_e=3\cdot(n-1)=3\cdot(5-1)=12$

$i_e=r=\sum_{k=1}^{2}(3-k)\cdot p_k=2\cdot6+1\cdot0=12$

cinemàtica   equilibri

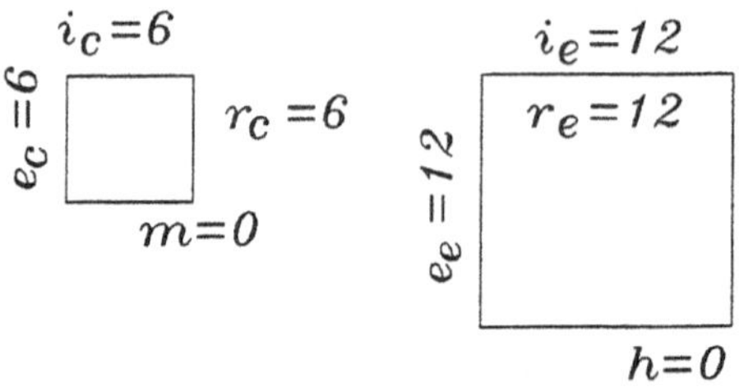

$i_c=6$ $i_e=12$

$e_c=6$ $r_c=6$ $e_e=12$ $r_e=12$

$m=0$

$h=0$

$i_m=i_c-e_c=e_e-i_e=0=m-h$

$m=0 \qquad h=0$

b)

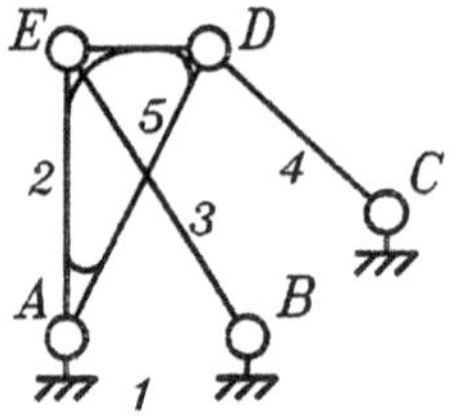

$n=4; \quad p=p_1=5$

$\mu=p-n+1=5-4+1=2$

$e_c=3\cdot\mu=3\cdot2=6$

$i_c=f=\sum_{k=1}^{2} k\cdot p_k=1\cdot5+2\cdot0=5$

$e_e=3\cdot(n-1)=3\cdot(4-1)=9$

$i_e=r=\sum_{k=1}^{2}(3-k)\cdot p_k=2\cdot5+1\cdot0=10$

cinemàtica   equilibri

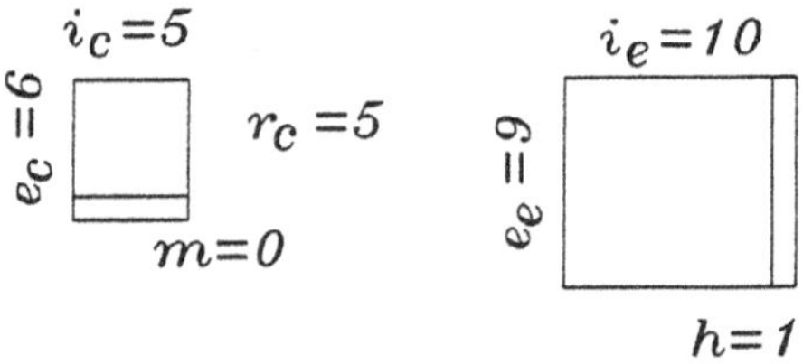

$i_c=5$ $i_e=10$

$e_c=6$ $r_c=5$ $e_e=9$

$m=0$

$h=1$

$i_m=i_c-e_c=e_e-i_e=-1=m-h$

$m=0 \qquad h=1$

c)

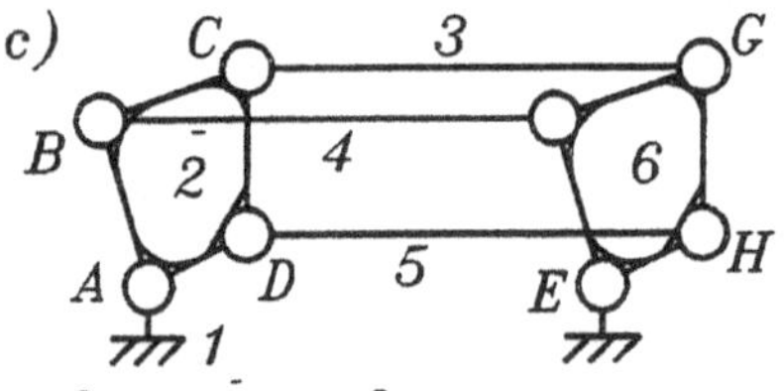

$n=6; \quad p=p_1=8$

$\mu=p-n+1=8-6+1=3$

$e_c=3\cdot\mu=3\cdot3=9$

$i_c=f=\sum_{k=1}^{2} k\cdot p_k=1\cdot8+2\cdot0=8$

$e_e=3\cdot(n-1)=3\cdot(6-1)=15$

$i_e=r=\sum_{k=1}^{2}(3-k)\cdot p_k=2\cdot8+1\cdot0=16$

cinemàtica   equilibri

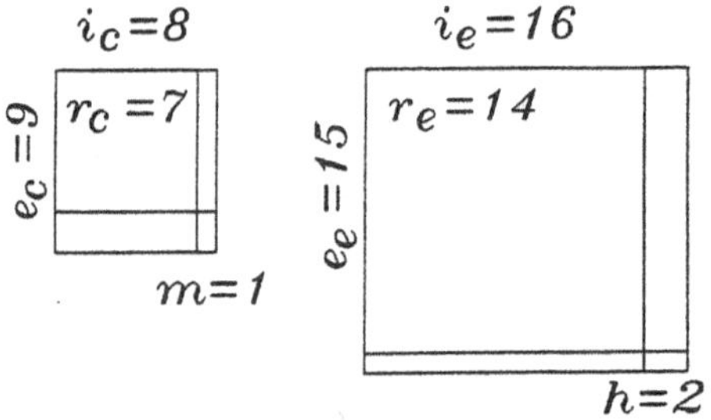

$i_c=8$ $i_e=16$

$e_c=9$ $r_c=7$ $e_e=15$ $r_e=14$

$m=1$

$h=2$

$i_m=i_c-e_c=e_e-i_e=-1=m-h$

$m=1 \qquad h=2$

Figura 2.14   Mobilitat de cadenes cinemàtiques planes.

a)

botó-guia

$n=6; \quad p=8;_1 \; p_1=4; \; p_2=4$

$\mu = p-n+1 = 8-6+1 = 3$

$e_c = 3 \cdot \mu = 3 \cdot 3 = 9$

$i_c = f = \sum_{k=1}^{2} k \cdot p_k = 1 \cdot 4 + 2 \cdot 4 = 12$

$e_e = 3 \cdot (n-1) = 3 \cdot (6-1) = 15$

$i_e = r = \sum_{k=1}^{2}(3-k) \cdot p_k = 2 \cdot 4 + 1 \cdot 4 = 12$

cinemàtica

$i_c = 12$

$e_c = 9$ $\quad r_c = 9$

$m = 3$

equilibri

$i_e = 12$

$e_e = 15$ $\quad r_e = 12$

$h = 0$

$i_m = i_c - e_c = e_e - i_e = 3 = m - h$

$m = 3 \qquad h = 0$

---

b)

$n=7; \quad p = p_1 = 8$

$\mu = p-n+1 = 8-7+1 = 2$

$e_c = 3 \cdot \mu = 3 \cdot 2 = 6$

$i_c = f = \sum_{k=1}^{2} k \cdot p_k = 1 \cdot 8 + 2 \cdot 0 = 8$

$e_e = 3 \cdot (n-1) = 3 \cdot (7-1) = 18$

$i_e = r = \sum_{k=1}^{2}(3-k) \cdot p_k = 2 \cdot 8 + 1 \cdot 0 = 16$

cinemàtica

$i_c = 8$

$e_c = 6$ $\quad r_c = 6$

$m = 2$

equilibri

$i_e = 16$

$e_e = 18$ $\quad r_e = 16$

$h = 0$

$i_m = i_c - e_c = e_e - i_e = 2 = m - h$

$m = 2 \qquad h = 0$

$n=7; \quad p=9; \; p_1=8; \; p_2=1$

$\mu = p-n+1 = 9-7+1 = 3$

$e_c = 3 \cdot \mu = 3 \cdot 3 = 9$

$i_c = f = \sum_{k=1}^{2} k \cdot p_k = 1 \cdot 8 + 2 \cdot 1 = 10$

$e_e = 3 \cdot (n-1) = 3 \cdot (7-1) = 18$

$i_e = r = \sum_{k=1}^{2}(3-k) \cdot p_k = 2 \cdot 8 + 1 \cdot 1 = 17$

cinemàtica

$i_c = 10$

$e_c = 9$ $\quad r_c = 9$

$m = 1$

equilibri

$i_e = 17$

$e_e = 18$ $\quad r_e = 17$

$h = 0$

$i_m = i_c - e_c = e_e - i_e = 1 = m - h$

$m = 1 \qquad h = 0$

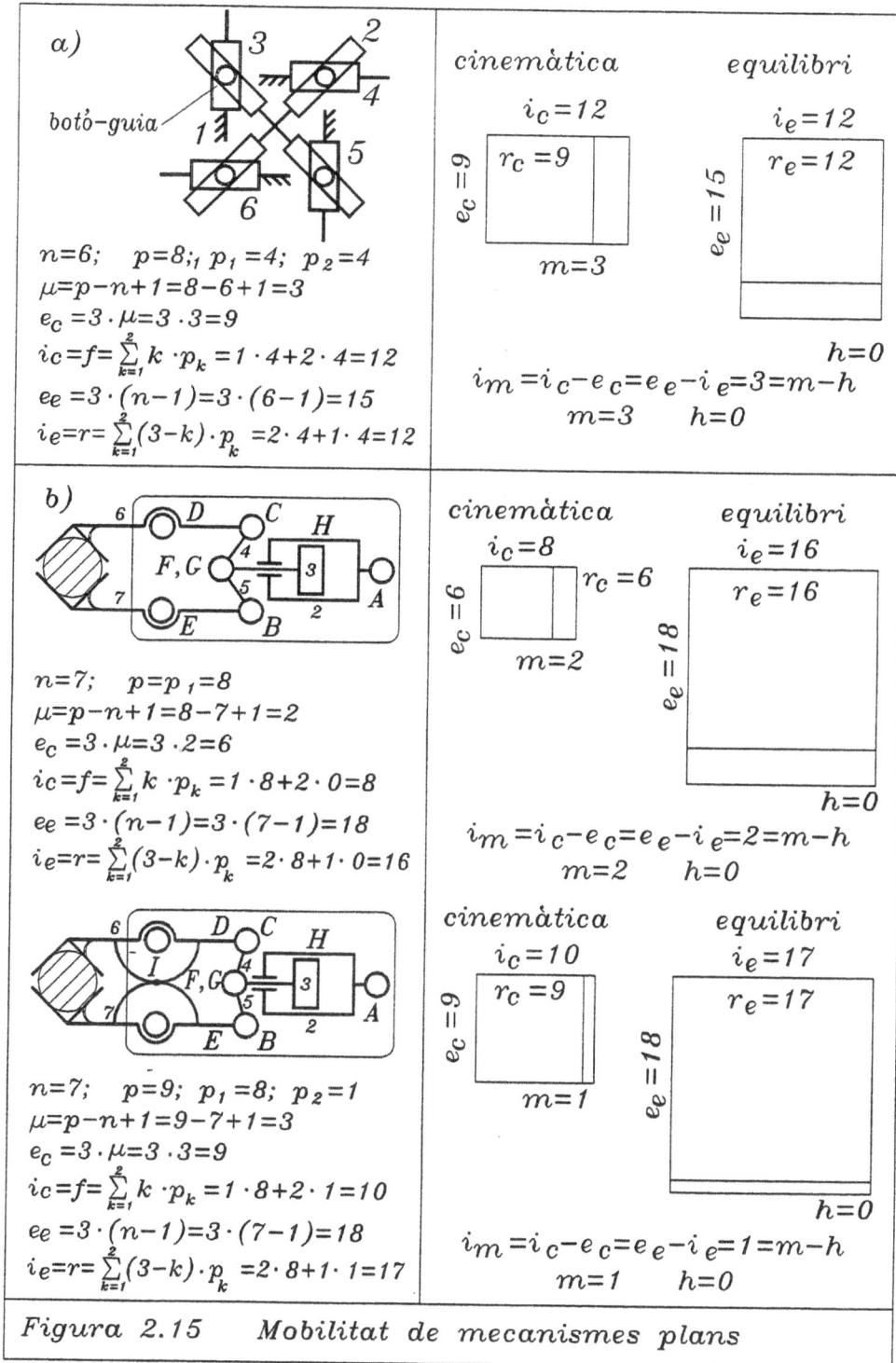

Figura 2.15   Mobilitat de mecanismes plans

a)

$n=10;\quad p=p_1=14$

$\mu=p-n+1=14-10+1=5$

$e_c=3\cdot\mu=3\cdot5=15$

$i_c=f=\sum_{k=1}^{2}k\cdot p_k=1\cdot14+2\cdot0=14$

$e_e=3\cdot(n-1)=3\cdot(10-1)=27$

$i_e=r=\sum_{k=1}^{2}(3-k)\cdot p_k=2\cdot14+1\cdot0=12$

cinemàtica
$i_c=14$

$e_c=15$ $r_c=13$

$m=1$

equilibri
$i_e=28$

$e_e=27$ $r_e=26$

$h=2$

$i_m=i_c-e_c=e_e-i_e=-1=m-h$

$m=1\qquad h=2$

b)

J_{51}
K_{61}
J,K

$n=6;\quad p=11;\quad p_1=5;\quad p_2=6$

$\mu=p-n+1=11-6+1=6$

$e_c=3\cdot\mu=3\cdot6=18$

$i_c=f=\sum_{k=1}^{2}k\cdot p_k=1\cdot5+2\cdot6=17$

$e_e=3\cdot(n-1)=3\cdot(6-1)=15$

$i_e=r=\sum_{k=1}^{2}(3-k)\cdot p_k=2\cdot5+1\cdot6=16$

cinemàtica
$i_c=17$

$r_c=16$

$e_c=18$

equilibri
$i_e=16$

$r_e=14$

$e_e=15$

$h=2$

$m=1$

$i_m=i_c-e_c=e_e-i_e=-1=m-h$

$m=1\qquad h=2$

J_{51}
J

$n=6;\quad p=10;\quad p_1=4;\quad p_2=6$

$\mu=p-n+1=10-6+1=5$

$e_c=3\cdot\mu=3\cdot5=15$

$i_c=f=\sum_{k=1}^{2}k\cdot p_k=1\cdot4+2\cdot6=16$

$e_e=3\cdot(n-1)=3\cdot(6-1)=15$

$i_e=r=\sum_{k=1}^{2}(3-k)\cdot p_k=2\cdot4+1\cdot6=14$

cinemàtica
$i_c=16$

$r_c=15$

$e_c=15$

$m=1$

equilibri
$i_e=14$

$r_e=14$

$e_e=15$

$h=0$

$i_m=i_c-e_c=e_e-i_e=1=m-h$

$m=1\qquad h=0$

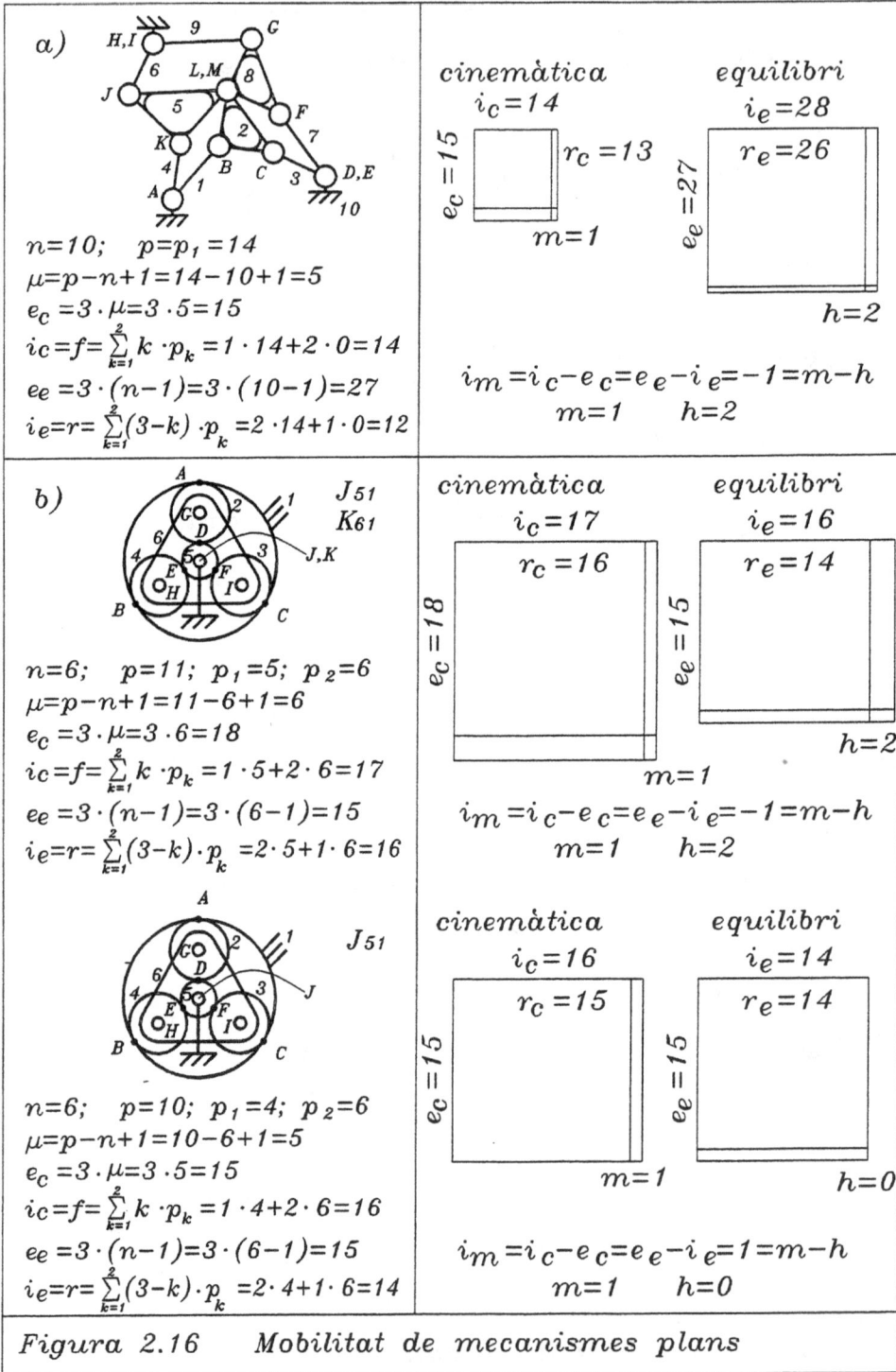

Figura 2.16   *Mobilitat de mecanismes plans*

2 DISSENY ESTRUCTURAL DE MECANISMES

a)

$n=2; \quad p=p_4=2 \quad (A,B)$
$\mu=p-n+1=2-2+1=1$
$e_c=6\cdot\mu=6\cdot1=6$
$i_c=f=\sum_{k=1}^{5} k\cdot p_k=4\cdot2=8$
$e_e=6\cdot(n-1)=6\cdot(2-1)=6$
$i_e=r=\sum_{k=1}^{5}(3-k)\cdot p_k=2\cdot2=4$

cinemàtica

$i_c=8$

$e_c=6$ $r_c=6$

$m=2$

equilibri

$i_e=4$

$e_e=6$ $r_e=4$

$h=0$

$$i_m=i_c-e_c=e_e-i_e=2=m-h$$
$$m=2 \qquad h=0$$

$n=2; \quad p=2; \quad p_3=1(B); \quad p_4=1(A)$
$\mu=p-n+1=2-2+1=1$
$e_c=6\cdot\mu=6\cdot1=6$
$i_c=f=\sum_{k=1}^{5} k\cdot p_k=3\cdot1+4\cdot1=7$
$e_e=6\cdot(n-1)=6\cdot(2-1)=6$
$i_e=r=\sum_{k=1}^{5}(3-k)\cdot p_k=3\cdot1+2\cdot1=5$

cinemàtica

$i_c=7$

$e_c=6$ $r_c=6$

$m=1$

equilibri

$i_e=5$

$e_e=6$ $r_e=5$

$h=0$

$$i_m=i_c-e_c=e_e-i_e=1=m-h$$
$$m=1 \qquad h=0$$

b)

$n=5; \quad p=5; \quad p_1=1; \quad p_3=4$
$\mu=p-n+1=5-5+1=1$
$e_c=6\cdot\mu=6\cdot1=6$
$i_c=f=\sum_{k=1}^{5} k\cdot p_k=1\cdot1+3\cdot4=13$
$e_e=6\cdot(n-1)=6\cdot(5-1)=24$
$i_e=r=\sum_{k=1}^{5}(3-k)\cdot p_k=5\cdot1+3\cdot4=17$

cinemàtica

$i_c=13$

$e_c=6$ $r_c=6$

$m=7$

equilibri

$i_e=17$

$e_e=24$ $r_e=17$

$h=0$

$$i_m=i_c-e_c=e_e-i_e=7=m-h$$
$$m=7 \quad m_f=5 \quad m_l=2 \quad (E-C,B-D) \quad h=0$$

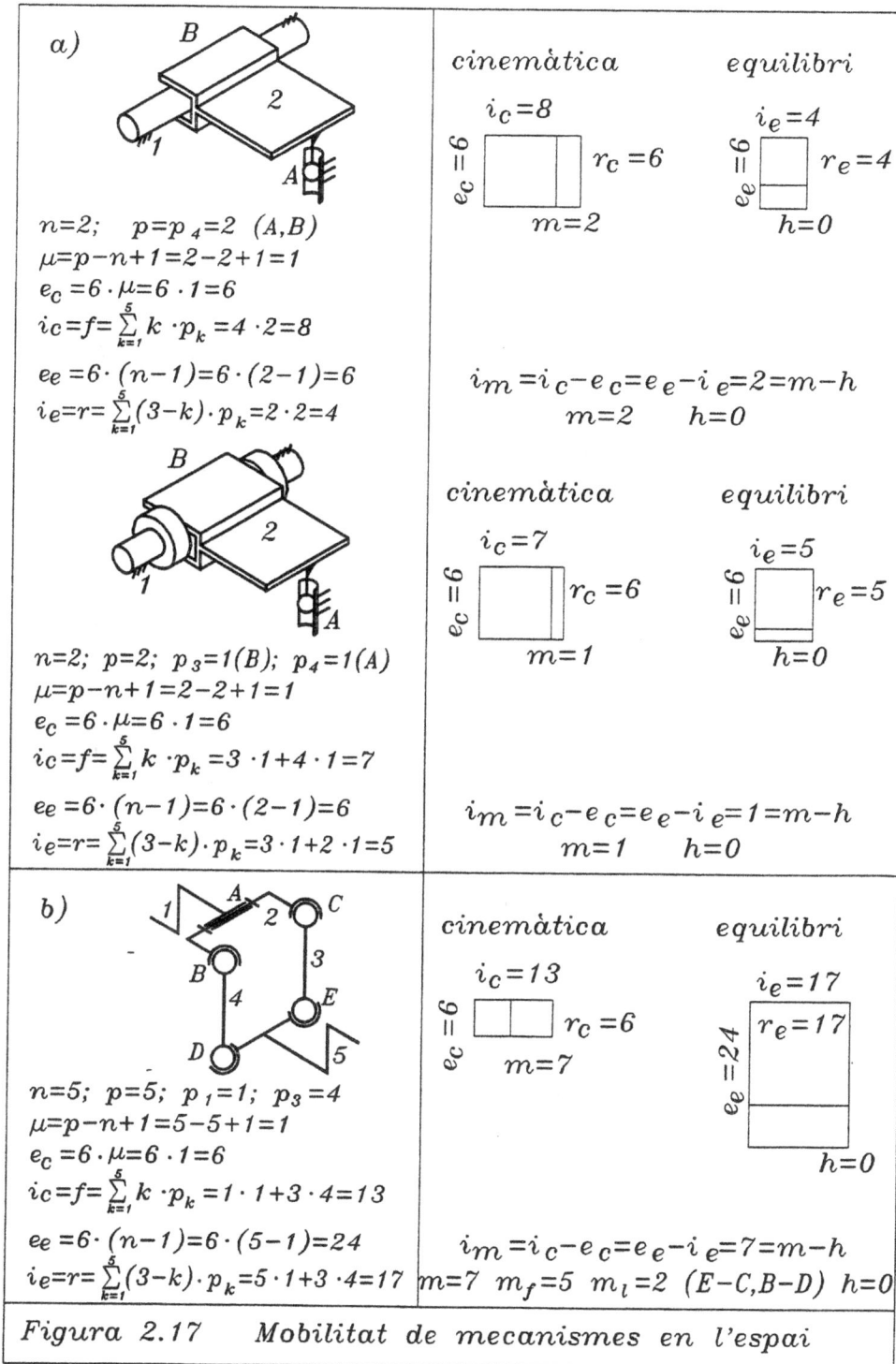

Figura 2.17   Mobilitat de mecanismes en l'espai

a)

cinemàtica   *equilibri*

$i_c = 4$ $i_e = 20$

$e_c = 6$ $r_c = 3$ $r_e = 17$

$m = 1$ $e_e = 18$

$n=4; \quad p=p_1=4$

$\mu = p - n + 1 = 4 - 4 + 1 = 1$

$e_c = 6 \cdot \mu = 6 \cdot 1 = 6$

$i_c = f = \sum_{k=1}^{5} k \cdot p_k = 1 \cdot 4 + 0 = 4$

$e_e = 6 \cdot (n-1) = 6 \cdot (4-1) = 18$

$i_e = r = \sum_{k=1}^{5} (6-k) \cdot p_k = 5 \cdot 4 + 0 = 20$

$h = 3$

$i_m = i_c - e_c = e_e - i_e = -2 = m - h$

$m = 1 \qquad h = 3$

$i_c = 4$ $i_e = 20$

$e_c = 6$ $r_c = 4$ $r_e = 18$

$m = 0$ $e_e = 18$

$h = 2$

$i_m = i_c - e_c = e_e - i_e = -2 = m - h$

$m = 0 \qquad h = 2$

b)

$n = 7$

$p = p_1 = 6$

$\mu = p - n + 1 = 0$

$e_c = 6 \cdot \mu = 6 \cdot 0 = 0$

$i_c = f = \sum_{k=1}^{5} k \cdot p_k = 1 \cdot 6 = 6$

$e_e = 6 \cdot (n-1) = 6 \cdot (7-1) = 36$

$i_e = r = \sum_{k=1}^{5} (6-k) \cdot p_k = 5 \cdot 6 = 30$

cinemàtica   *equilibri*

$i_c = 6$ $i_e = 30$

$e_c = 0$ $r_c = 0$ $r_e = 30$

$m = 6$ $e_e = 36$

$h = 0$

$i_m = i_c - e_c = e_e - i_e = 6 = m - h$

$m = 6 \qquad h = 0$

Figura 2.18   *a) Quadrilàter articulat a l'espai*
                     b) Cadena cinemàtica oberta (robot)

3 Optimització dimensional de mecanismes

3.1 Introducció a la síntesi dimensional

Després d'haver determinat l'estructura més convenient per a un mecanisme (tipologia, mobilitat), cal establir les dimensions (distàncies, angles) més adequades per a la funció requerida, etapa que rep el nom de *síntesi dimensional*.

La síntesi dimensional ha desenvolupat nombroses metodologies de resolució en relació a diverses funcions o tasques requerides, algunes de les quals han obtingut un grau d'acceptació i de consolidació importants. La majoria resolen funcions cinemàtiques, però també n'hi ha algunes que resolen funcions estàtiques o dinàmiques.

En aquest text es presenten algunes de les metodologies de síntesi dimensional que, a criteri de l'autor, són de més utilitat en el disseny de mecanismes:

Funcions cinemàtiques: Síntesi de generació de funcions
Síntesi de generació de trajectòries
Síntesi de guiatge de membre

Funcions dinàmiques: Equilibrament de mecanismes

Cal tenir present que la major part dels problemes de síntesi dimensional es plantegen en termes d'aproximació a la funció requerida, ja que l'ajust exacte, en el cas general, no és possible o dóna lloc a mecanismes de complexitat excessiva.

Els problemes d'ajust entre la funció requerida i la funció generada es poden abordar en síntesi de mecanismes des de dos punts de vista diferents:

a)   *Condicions de precisió*. Quan el nombre de condicions exigides és igual o menor que el nombre de paràmetres a determinar en el mecanisme, l'ajust es pot realitzar per mitjà de l'establiment de *punts, posicions* o *poses de precisió* en què coincideixen la *funció requerida* i la *funció generada*.

b)   *Minimització d'una funció error*. Quan el nombre de condicions exigides és major que el nombre de paràmetres a determinar en el mecanisme, cal realitzar l'ajust per mitjà de la *minimització d'una funció error* entre la *funció requerida* i la *funció generada*, per a un determinat nombre de punts, posicions o poses.

Aquest text vol ser una ajuda per al disseny de mecanismes en el con-text del disseny de les màquines on una de les principals virtuts és el de la simplicitat. En les planes que segueixen s'estudien, doncs, mètodes ba-sats en *condicions de precisió* aplicades a mecanismes de baixa complexi-tat. El mecanisme més utilitzat en síntesi dimensional és el quadrilàter articulat (amb o sense corredores), ja que és el mecanisme articulat més senzill, i el nombre de condicions de precisió més freqüent (teòricament fins a 5 per a les funcions cinemàtiques enunciades anterior-ment) és de 3, ja que proporciona les metodologies més operatives.

En la major part d'aplicacions, existeix, en general, una gran llibertat en la definició de la funció requerida i de les seves condicions de precisió, fet que amplia el ventall de possibles solucions. En conseqüència, és bo que els mètodes de resolució siguin senzills i eficaços i facilitin el control i la percepció física del problema.

Una part important dels criteris per establir l'ajust entre la funció requerida i la funció generada no tenen el seu origen en la síntesi dimensional, sinó en exigències de l'aplicació (caràcter de la funció requerida, espai dispo-nible, necessitats constructives), per la qual cosa la síntesi dimensional de mecanismes pren el caràcter d'*optimització dimensional de mecanismes*.

Hi ha metodologies de síntesi dimensional (disseny i optimització) molt específiques, com són les de les lleves o dels engranatges, que no s'expli-caran en aquest text, ja que n'existeixen tractats especialitzats.

3.2 Generació de funcions

Introducció

La *síntesi de generació de funcions* té per objecte la determinació de les dimensions dels membres d'un mecanisme, establerta la seva tipologia, per tal que aquest generi una funció (*funció generada*) que s'ajusti de forma exacta o aproximada a una funció prèviament fixada (*funció requerida*) entre els moviments de dos membres del mecanisme, definits com a *membre d'entrada* i *membre de sortida* (en la figura 3.1a, moviments de rotació de dos membres).

Fora d'algunes geometries molt particulars, la major part dels estudis de generació de funcions tracten d'optimitzar l'ajust entre la funció generada i la funció requerida. El nombre de paràmetres dimensionals (distàncies i angles) de lliure elecció en el mecanisme, determina el nombre màxim de *punts de precisió* (punts de coincidència entre la funció requerida i la funció generada) o de *derivades de precisió* (punts de coincidència entre les derivades de les dues funcions) que es poden imposar.

Així, doncs, com més complex és el mecanisme considerat, major és l'ajust teòric entre la funció generada i la funció requerida. Tanmateix, com ja s'ha dit, el quadrilàter articulat o el quadrilàter d'una corredora són els més utilitzats a causa de la seva simplicitat.

Generació de funcions en un quadrilàter articulat

Es determinen els membres 2 i 4, articulats sobre la base en els punts fixos A_o i B_o, com a membres d'entrada i sortida (Fig. 3.1b), i l'enllaç entre ells es realitza per mitjà d'una biela articulada en els punts A i B. La funció s'estableix entre les variables φ (variable independent) i ψ (variable dependent).

El nombre de paràmetres dimensionals que determinen el mecanisme són cinc: les distàncies a_1, a_2, a_3 (la distància a_4 es considera com a unitat, ja que quadrilàters semblants originen la mateixa funció), i els angles α i β (Fig. 3.1b).

Plantejant la condició de tancament del bucle de la cadena cinemàtica, s'obté la funció generada pel mecanisme, que té per expressió:

$$\psi = f(\varphi, a_1, a_2, a_3, \alpha, \beta) \tag{1}$$

Si es força que la funció generada passi per cinc punts de la funció requerida (φ_i, ψ_i, $i=1\div5$), s'obté un sistema de cinc equacions implícites que permetria la determinació dels paràmetres dimensionals del quadrilàter:

$$\psi_i = f(\varphi_i, a_1, a_2, a_3, \alpha, \beta) \qquad i = 1\div5 \tag{2}$$

El caràcter no lineal del sistema, però, en dificulta la seva resolució. Tanmateix, si inicialment es fixen els angles α i β, el sistema es redueix a tres equacions lineals que faciliten l'obtenció dels paràmetres a_1, a_2 i a_3.

En efecte, a partir dels canvis de variable $\varphi'=\varphi+\alpha$ i $\psi'=\psi+\beta$, i de l'establiment de l'equació vectorial de tancament del bucle $\mathbf{a_1}+\mathbf{a_2}=\mathbf{a_4}+\mathbf{a_3}$, s'obtenen les equacions escalars següents:

$$a_1 \cdot \cos\varphi' + a_2 \cdot \cos\theta = a_4 + a_3 \cdot \cos\psi' \tag{3}$$
$$a_1 \cdot \sin\varphi' + a_2 \cdot \sin\theta = a_3 \cdot \sin\psi'$$

Eliminant la variable θ entre elles, s'obté l'equació de Freudenstein:

$$K_1 \cdot \cos\psi' - K_2 \cdot \cos\varphi' + K_3 = \cos(\psi' - \varphi') \tag{4}$$

on: $K_1 = a_4/a_1$ $K_1 = a_4/a_3$ $K_3 = (a_4^2 + a_1^2 + a_3^2 - a_2^2)/(2 \cdot a_1 \cdot a_3)$

Escrivint aquesta equació per a tres punts qualssevol de la funció requerida (φ_1, ψ_1; φ_2, ψ_2; φ_3, ψ_3) i adoptant dos angles, α i β, s'obté un sistema de tres equacions lineals respecte als paràmetres K_1, K_2 i K_3:

$$K_1 \cdot \cos\psi'_1 - K_2 \cdot \cos\varphi'_1 + K_3 = \cos(\psi'_1 - \varphi'_1)$$
$$K_1 \cdot \cos\psi'_2 - K_2 \cdot \cos\varphi'_2 + K_3 = \cos(\psi'_2 - \varphi'_2) \tag{5}$$
$$K_1 \cdot \cos\psi'_3 - K_2 \cdot \cos\varphi'_3 + K_3 = \cos(\psi'_3 - \varphi'_3)$$

que té per solució

$$K_1 = (w_2 \cdot w_6 - w_3 \cdot w_5)/(w_2 \cdot w_4 - w_1 \cdot w_5) \tag{6}$$
$$K_2 = (w_1 \cdot w_6 - w_3 \cdot w_4)/(w_2 \cdot w_4 - w_1 \cdot w_5)$$

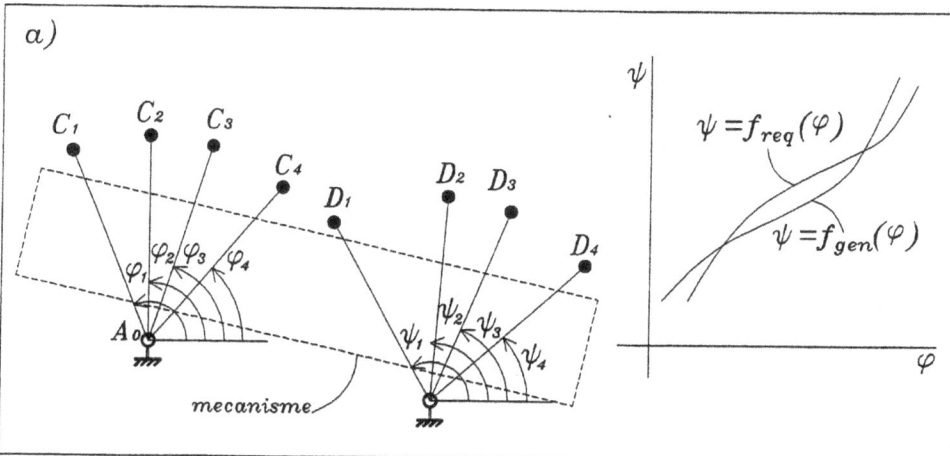

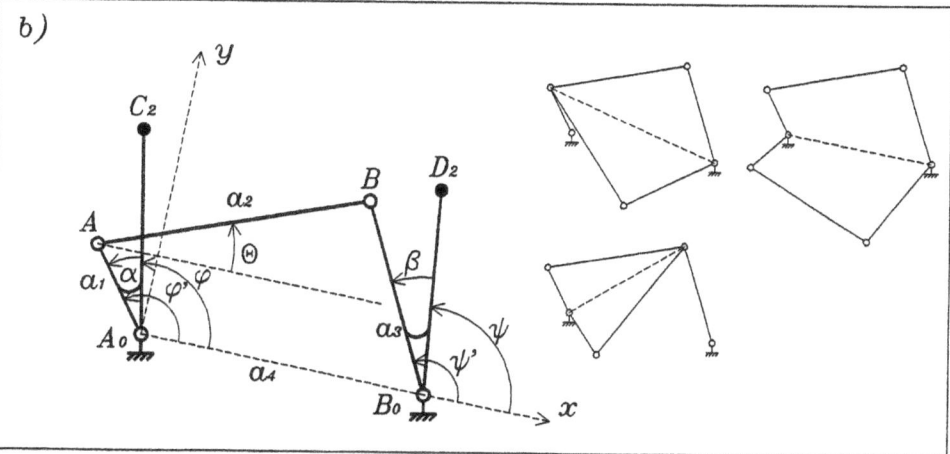

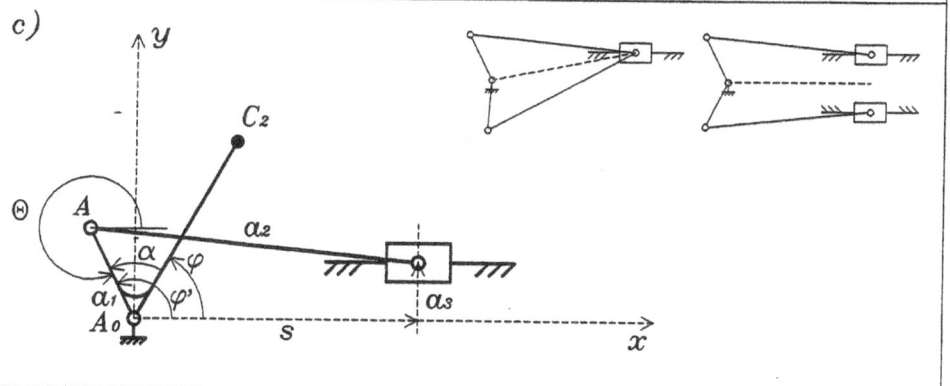

Figura 3.1   *Síntesi de generació de funcions:*
a) Plantejament del problema; b) Aplicació
al quadrilàter articulat; c) Aplicació al
quadrilàter d'una corredora

on:
$$w_1 = \cos\psi'_1 - \cos\psi'_2$$
$$w_2 = \cos\varphi'_1 - \cos\varphi'_2$$
$$w_3 = \cos(\psi'_1 - \varphi'_1) - \cos(\psi'_2 - \varphi'_2) \tag{7}$$
$$w_4 = \cos\psi'_1 - \cos\psi'_3$$
$$w_5 = \cos\varphi'_1 - \cos\varphi'_3$$
$$w_3 = \cos(\psi'_1 - \varphi'_1) - \cos(\psi'_3 - \varphi'_3)$$

i:
$$K_3 = \cos(\psi'_i - \varphi'_i) - K_1\cdot\cos\psi'_i + K_2\cdot\cos\varphi'_i \qquad (i=1\div3) \tag{8}$$

Cal fer uns comentaris sobre les solucions a l'equació de Freudenstein:
a) Per a valors donats de les K_i, l'equació (4) també es compleix si els angles canvien de signe (quadrilàter simètric respecte a la línia d'articulacions fixes, Fig. 3.1b); b) L'eliminació de la variable θ, per mitjà de l'elevació al quadrat, introdueix noves solucions: per a valors donats de K_i, existeixen dos valors de ψ' per a cada valor de φ', i viceversa (Fig. 3.1b). Per a un estudi mes exhaustiu, vegeu [Nieto-1978].

Generació de funcions en un quadrilàter d'una corredora

Procedint anàlogament amb el quadrilàter d'una corredora (Fig. 3.1c), s'estableix una funció entre l'angle $\varphi'=\varphi+\alpha$ i la distància, s, que s'expressa per

$$K_1\cdot s\cdot\cos\varphi' + K_2\cdot\sin\varphi' - K_3 = s^2 \tag{9}$$

on:
$$K_1 = 2\cdot a_1 \qquad K_1 = 2\cdot a_1\cdot a_3 \qquad K_3 = a_1^2 + a_3^2 - a_2^2$$

Escrivint aquesta equació per a tres punts qualssevol de la funció requerida $(\varphi_1, s_1; \varphi_2, s_2; \varphi_3, s_3)$ i adoptant l'angle α, s'obté un sistema de tres equacions lineals respecte als paràmetres K_1, K_2 i K_3, que té per solució

$$K_1 = (u_2\cdot u_6 - u_3\cdot u_5)/(u_2\cdot u_4 - u_1\cdot u_5) \tag{10}$$
$$K_2 = (u_3\cdot u_4 - u_1\cdot u_6)/(u_2\cdot u_4 - u_1\cdot u_5)$$

on:
$$u_1 = s_1\cdot\cos\varphi'_1 - s_2\cdot\cos\varphi'_2 \qquad u_4 = s_1\cdot\cos\varphi'_1 - s_3\cdot\cos\varphi'_3$$
$$u_2 = \sin\varphi'_1 - \sin\varphi'_2 \qquad u_5 = \sin\varphi'_1 - \sin\varphi'_3 \tag{11}$$
$$u_3 = s_1^2 - s_2^2 \qquad u_6 = s_1^2 - s_3^2$$

i:
$$K_3 = -s_i^2 + K_1\cdot s_i\cdot\cos\varphi'_i + K_2\cdot\sin\varphi'_i \qquad (i=1\div3) \tag{12}$$

De forma anàloga al quadrilàter articulat, la mateixa solució s'obté per al quadrilàter d'una corredora simètric respecte de la guia fixa, i també l'eliminació de la variable θ, per mitjà de l'elevació al quadrat, introdueix noves solucions: en aquest cas per a valors donats de K_i existeixen dos valors de φ' per a cada valor de s.

Exemple d'aplicació:
Barres de direcció d'un vehicle automòbil

El sistema clàssic de barres de direcció que duen els vehicles automòbils d'eix davanter rígid és un quadrilàter articulat simètric que relaciona el gir de les dues rodes davanteres. El membre d'entrada és el suport giratori d'una de les rodes, i el de sortida, el suport giratori de l'altra roda. La funció requerida és la que relaciona els angles φ i ψ per tal que les normals a les quatre rodes es tallin en el centre de curvatura, O (Fig. 3.2a), la qual s'expressa paramètricament en funció del radi de curvatura, ρ. Els resultats tabulats de la funció requerida són els següents:

ρ (m)	φ (°)	ψ (°)	ρ (m)	φ (°)	ψ (°)
∞	-90,00	-90,00	$-\infty$	-90,00	-90,00
100,0	-88,78	-88,80	-100,0	-91,10	-91,22
30,0	-85,94	-86,07	-30,0	-93,93	-94,06
10,0	-77,40	-78,79	-10,0	-101,21	-102,60
5,0	-64,49	-69,44	-5,0	-110,56	-115,51
3,0	-48,81	-59,74	-3,0	-120,26	-131,19

Essent la funció requerida simètrica, es pot forçar que el mecanisme també ho sigui ($a_1=a_3$, i $\alpha=-\beta$). Per tant, tan sols es poden imposar dos punts de precisió: el primer correspon òbviament a una trajectòria rectilínia ($\rho=\infty$ m, $\varphi=\psi=-90°$); i el segon correspon a una trajectòria en corba (per exemple, $\rho=30$ m a mà esquerra, $\varphi=-85,94°/\psi=-86,07°$; s'ha elegit un punt de precisió no molt extrem per assegurar un bon ajust de la corba generada a la corba requerida en la zona corresponent a velocitats altes del vehicle).

Aplicant les equacions de Freudentstein i temptejant per a diversos angles α s'obtenen diversos resultats, d'entre els quals, un dels que sembla més raonable és el de la quarta fila ($\alpha=22°$, $a_1=211,1$ mm, $a_2=1041,8$ mm), representat en la figura 3.2b.

Taula de resultats de l'aplicació de l'equació de Freudenstein:

α (°)	a_1 (mm)	a_2 (mm)
19	478,2	888,6
20	381,4	939,1
21	292,8	990,1
22	211,1	1041,8
23	135,2	1094,3
24	64,5	1147,6

El mecanisme elegit queda ben emplaçat a l'interior del vehicle i ocupa un espai raonable. Un quadrilàter de braços massa llargs (per exemple el de la primera fila) ocupa un espai més gran en el vehicle i, en maniobres molt acusades de gir, fins i tot podria sobresortir pels costats. En l'altre extrem, un quadrilàter de braços massa curts (per exemple el de la darrera fila) dóna lloc a uns esforços excessius sobre els membres del mecanisme.

Tanmateix, cal comprovar que la funció generada pel mecanisme s'ajusti prou bé a la funció requerida. Amb aquest fi s'estableix una taula en què, en funció del radi de curvatura, ρ, es donen l'angle girat per la roda esquerra, l'angle exacte que hauria de girar la roda dreta, l'angle generat per mecanisme per a la roda dreta i l'error entre aquests dos darrers angles; també es calcula la velocitat màxima a la qual podria circular el vehicle sense perdre l'adherència lateral, suposant un coeficient de $\mu_o = 0,8$.

ρ (m)	v (km/h)	φ (°)	ψ_r (°)	ψ_g (°)	ψ_r-ψ_g (°)
∞		-90,00	-90,00	-90,00	0,00
100,0	100,8	-88,78	-88,80	-88,79	-0,01
30,0	55,2	-85,94	-86,07	-86,07	0,00
10,0	31,9	-77,40	-78,79	-78,60	-0,19
5,0	22,5	-64,49	-69,44	-69,29	-0,15
3,0	17,5	-48,81	-59,74	-61,48	+1,64

Com es pot comprovar, en tota la zona de radis de curvatures grans, i de velocitats màximes altes, l'ajust de la funció generada respecte a la funció requerida és molt gran i només apareixen desacords d'una certa consideració quan els angles girats per les rodes són molt acusats i, per tant, les velocitats molt reduïdes (velocitats de maniobres).

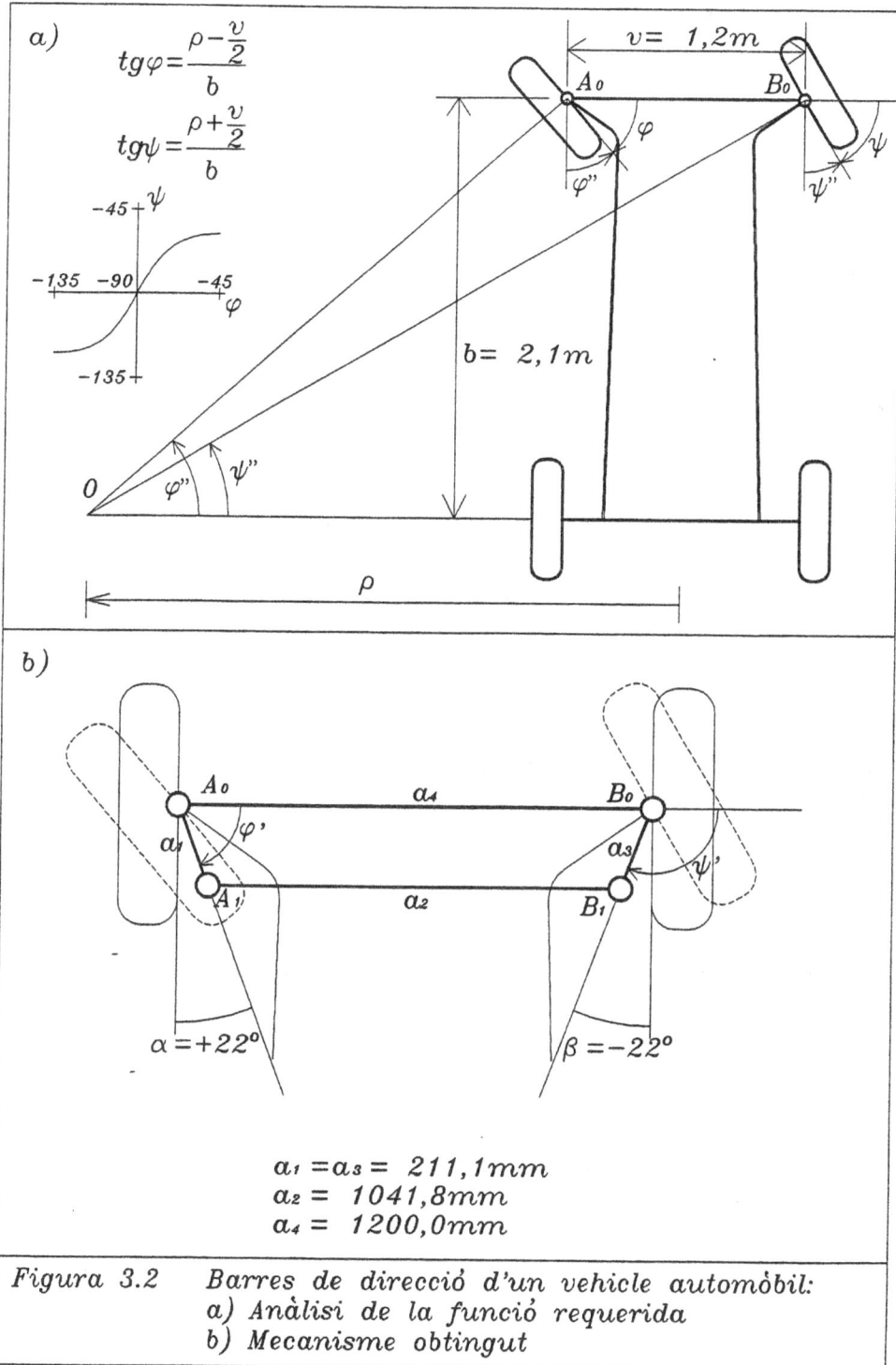

a)

$$tg\,\varphi = \frac{\rho - \frac{v}{2}}{b}$$

$$tg\,\psi = \frac{\rho + \frac{v}{2}}{b}$$

$v = 1,2m$

$b = 2,1m$

b)

$\alpha_1 = \alpha_3 = 211,1mm$

$\alpha_2 = 1041,8mm$

$\alpha_4 = 1200,0mm$

$\alpha = +22°$ $\beta = -22°$

Figura 3.2   Barres de direcció d'un vehicle automòbil:
a) Anàlisi de la funció requerida
b) Mecanisme obtingut

3.3 Generació de trajectòries

Introducció

La *síntesi de generació de trajectòries* té per objecte la determinació de les dimensions dels membres d'un mecanisme, establerta la seva tipologia, a fi que un dels seus punts generi una trajectòria (*trajectòria generada*) que s'ajusti, de forma exacta o aproximada, a una trajectòria prèviament fixada (*trajectòria requerida*).

Fora d'algunes geometries molt particulars, la majoria de vegades, els treballs de disseny de generació de trajectòries tracten d'optimitzar l'ajust entre la funció generada i la funció requerida. El nombre de paràmetres dimensionals (distàncies i angles) de lliure elecció en el mecanisme determina el nombre de *punts de precisió* (punts de coincidència entre la trajectòria requerida i la trajectòria generada) que es poden imposar.

El concepte de generació de trajectòries és aplicable a qualsevol tipus de mecanisme i com més gran és la seva complexitat, més gran és l'ajust possible entre la trajectòria generada i la trajectòria requerida. Tanmateix, a causa de la seva simplicitat constructiva, s'acostuma a utilitzar un quadrilàter articulat o un quadrilàter d'una corredora.

Existeixen diversos mètodes algebraics (per exemple, la generació de trajectòries de 3 i 4 punts de precisió mitjançant l'ús de nombres complexos), però cal imposar el valor de diversos paràmetres sense una significació d'aplicació clara. Existeixen, també, diversos mètodes gràfics que permeten un control més directe dels paràmetres de l'aplicació i, per tant, en les breus planes que segueixen es prefereix insistir sobre aquests darrers.

Trajectòria generada per un quadrilàter articulat

La trajectòria generada per un punt de biela d'un quadrilàter articulat pren el nom de *corba de biela* (Fig. 3.3a) i la seva equació té la següent forma implícita:

$$f(x,y,x_A,y_A,x_B,y_B,a_1,a_2,a_3,a_5,a_6) = 0$$

Figura 3.3   a) Quadrilàters cognats; b) Diagrama de Cagley per determinar les longituds de les barres

Les corbes de biela i els quadrilàters que les generen presenta les característiques següents:

1.   En el cas més general, la corba de biela és una equació algebraica de 6è grau en x, y (poden existir formes degenerades de menor grau) que depèn de 9 paràmetres independents (x_A, y_A, x_B, y_B, a_1, a_2, a_3, a_5 i a_6). Es poden imposar com a màxim 5 punts de precisió.

3.   La trajectòria generada per un punt de biela descriu dues corbes tancades si el quadrilàter compleix la llei de Grashof i una única corba tancada si no la compleix. La *llei de Grashof* estableix que, per a un quadrilàter articulat, la barra més curta dóna voltes completes respecte a totes les altres si la suma de longituds de la barra més curta i la barra més llarga és menor que la suma de les altres dues restants. Si no es compleix la llei de Grashof, les quatre barres oscil·len entre elles.

3.   Per a un quadrilàter articulat amb un punt de biela P que descriu una trajectòria, existeixen uns altres dos quadrilàters articulats (anomenats juntament amb el primer *quadrilàters cognats*) que descriuen exactament la mateixa trajectòria (teorema de Robert-Chebyshev). Els tres punts (dos a dos) d'articulació sobre la base dels quadrilàters cognats (o *focus*) formen el *triangle dels focus*, semblant al de biela inscrit en la *circumferència dels focus* (Fig.3.3a).

Quadrilàters cognats

Donat un quadrilàter articulat, la construcció dels dos quadrilàters cognats restants es realitza de la forma següent (Fig. 3.3a):

a)   Donat el primer quadrilàter, es completen els paral·lelograms A_o-A_1-P-A_3-A_o i B_o-B_1-P-B_3-B_o.

b)   Sobre la barra A_2-P es construeix un triangle semblant al triangle de biela, en què els costats homòlegs són A_2-P i A_1-B_1 (en aquest ordre); anàlogament es procedeix amb la barra P-B_3 respecte a la A_1-B_1.

c)   Finalment es completa el paral·lelogram P-C_3-C_o-C_2-P, que determina la posició de la tercera articulació fixa C_o.

d)   El punt C_o també es podria haver obtingut construint un triangle fix semblant al de la biela, essent la barra A_o-B_o homòloga de la A_1-B_1.

Trajectòries simètriques

En algunes aplicacions és útil la construcció d'un quadrilàter articulat que generi una trajectòria simètrica (Fig. 3.4a), seguint els passos següents:

a)   Es determina lliurement un eix, s, de simetria i s'elegeix un punt, B_o, sobre seu com a articulació fixa.

b)   S'elegeix una longitud arbitrària, $b=a_2=a_3=a_6$, i per tant els punts B_o, A i P es troben sempre sobre un arc amb centre a B_1.

c)   Es fixa arbitràriament un angle, β, entre les barres a_2 i a_6 de la biela.

d)   Per B_o es traça una recta, r, que formi un angle $\frac{1}{2}\beta$ amb l'eix de simetria, s. Qualsevol punt sobre r pot ser la segona articulació fixa, A_o, que tanca el quadrilàter articulat.

Exemple d'aplicació:
Mecanisme de transferència

Es desitja dissenyar un mecanisme de transferència horitzontal en què un determinat membre emergeix d'una superfície, carrega i desplaça un objecte que s'ha de transferir i retorna per sota de la superfície de transferència.

A la figura 3.4a s'ha temptejat una solució a partir del criteri de construir un mecanisme que generi una trajectòria simètrica (eix de simetria s vertical, trajectòria allargada i aplanada). S'ha procurat que el quadrilàter compleixi la llei de Grashof per tal que la barra A_o-A_1 pugui donar voltes completes. A la figura 3.4b s'han dibuixat els quadrilàters cognats corresponents a aquesta trajectòria i s'observa que el cognat 3 (B_o-B_3-C_3-C_o) també proporciona una alternativa vàlida que compleix la llei de Grashof.

Dissenyat un mecanisme que generi la trajectòria requerida, cal crear un membre què segueixi paral·lelament aquesta trajectòria. Si bé això es pot obtenir duplicant el quadrilàter articulat i assegurant la sincronització de les barres d'accionament, es resol de forma més simple per mitjà de mecanismes cognats de 6 barres amb una *barra de translació* (Fig. 3.5a, 3.5b). Per obtenir un d'aquests mecanismes es trasllada en bloc un dels quadrilàters cognats (per exemple, el 7-8-9, Fig. 3.5a) fins que una articulació fixa coincideix amb una altra (C_o es fa coincidir amb A_o); les barres 1 i 9' tenen la mateixa velocitat angular i s'uneixen, mentre que la *barra de translació* s'articula entre els punts P i P'de moviments paral·lels.

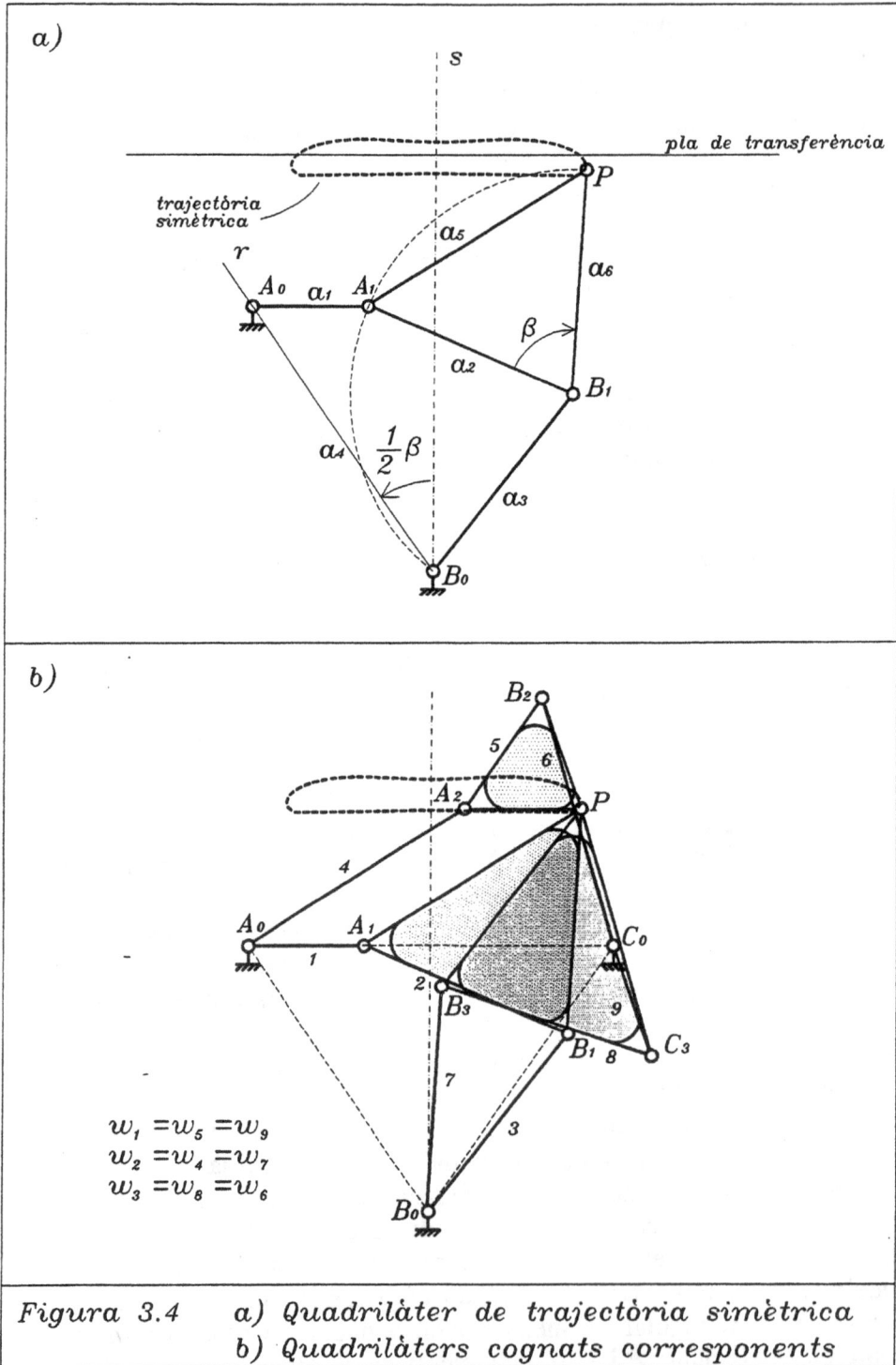

Figura 3.4   a) Quadrilàter de trajectòria simètrica
              b) Quadrilàters cognats corresponents

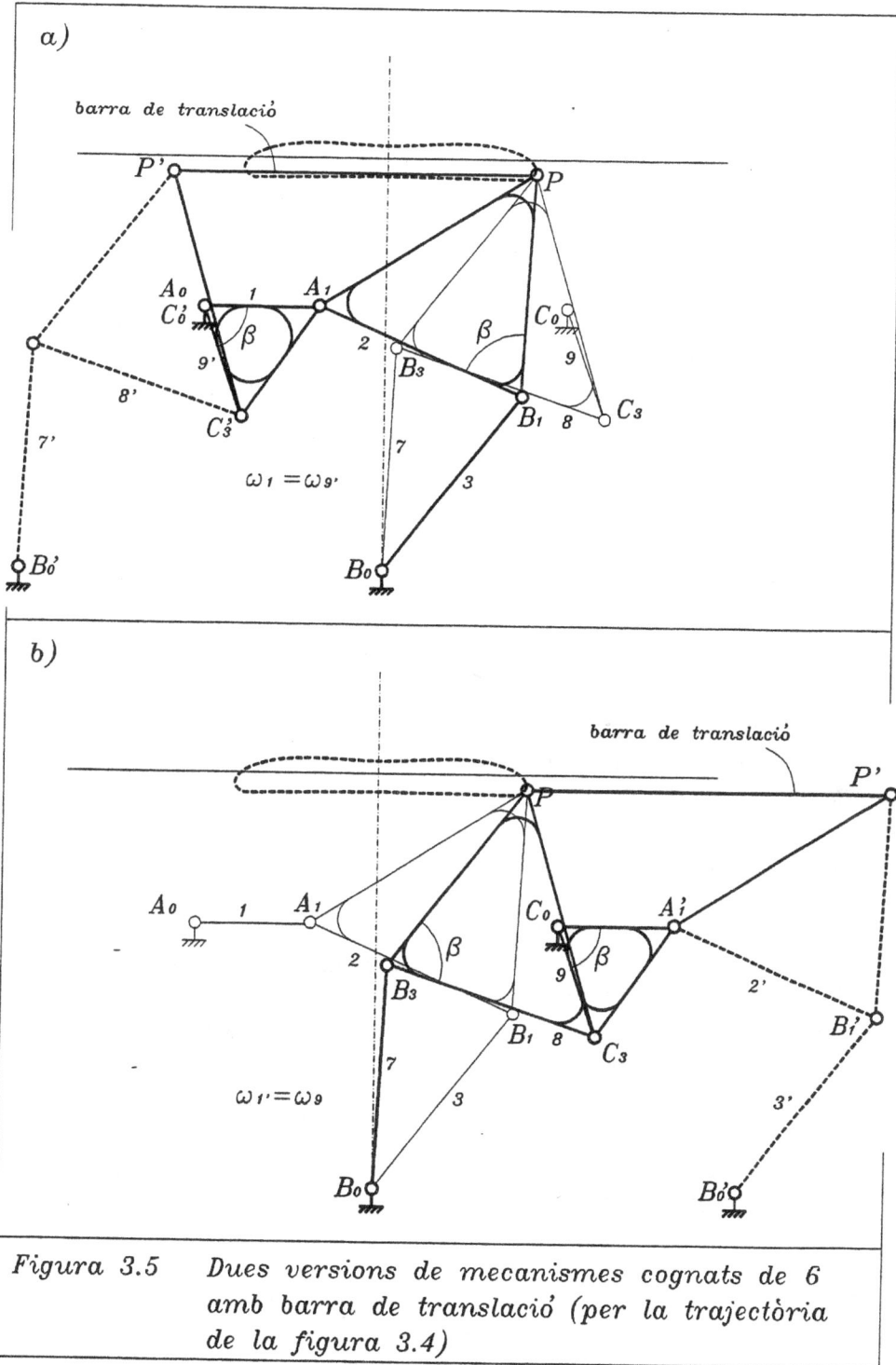

Figura 3.5   Dues versions de mecanismes cognats de 6 amb barra de translació (per la trajectòria de la figura 3.4)

Teoria de la curvatura. Punt de Ball

La teoria de la curvatura de la trajectòria d'un punt de biela permet, entre altres aplicacions, obtenir trajectòries amb trams aproximadament rectes.

S'anomena *punt d'inflexió* d'una trajectòria aquell en què el radi de curvatura és infinit (acceleració normal nul·la) i *cercle d'inflexions* el lloc geomètric dels punts d'inflexió, per a una posició del mecanisme, traçat sobre el pla de la biela. S'anomena *punt de curvatura estacionària* d'una trajectòria aquell en què el radi de curvatura és momentàniament estacionari (no varia) i *cúbica de curvatura estacionària* el lloc geomètric dels punts de curvatura estacionària, per a una posició del mecanisme, traçat sobre el pla de la biela (també existeixen les definicions de *centre de curvatura estacionària* i de *cúbica de centres de curvatura estacionària*). El *punt de Ball* és la intersecció entre el cercle d'inflexions i la cúbica de curvatura estacionària, no coincident amb el centre instantani; en el punt de Ball, la trajectòria té un radi de curvatura infinit i estacionari i per tant, en el seu entorn s'aproxima molt a una recta.

En el cas general, la construcció de la cúbica de curvatura estacionària és complexa. Tanmateix, Dijksman ha proposat una geometria senzilla per a l'obtenció de punts de Ball en determinats casos de quadrilàters articulats en què la cúbica de curvatura estacionària i la cúbica de centres de curvatura estacionària degeneren en dues parts: un cercle i una recta.

La geometria proposada per Dijksman és com segueix:

a)   Es tracen tres cercles tangents en un punt I (centre instantani de la biela del quadrilàter) de diàmetres que compleixin: $1/d_I - 1/d_o = 1/d_i$.

b)   Sobre el cercle de diàmetre d_o (branca de la cúbica de centres de curvatura estacionària) es poden elegir lliurement els punts d'articulació-fixos A_o i B_o, que unint-los amb I determinen sobre el cercle de diàmetre d_I (branca de la cúbica de curvatura estacionària) les articulacions mòbils A_I i B_I.

c)   El punt de Ball, U, es troba en la intersecció del cercle de diàmetre d_i (cercle d'inflexions) i la recta que passa pels centres de les circumferències (l'altra branca de la cúbica de curvatura estacionària).

A la figura 3.6 es mostren dues aplicacions del punt de Ball per mitjà de la construcció proposada per Dijksman.

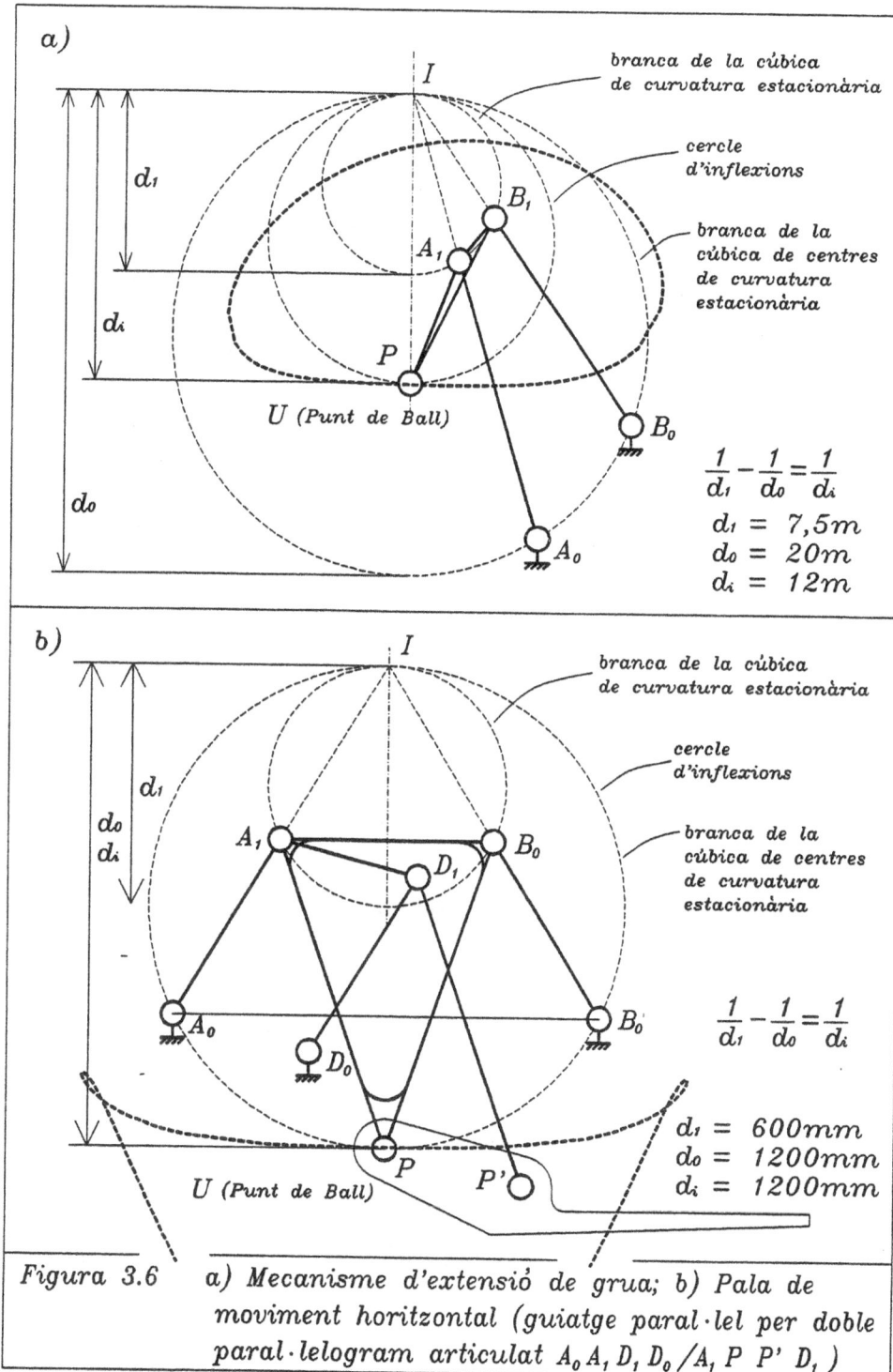

a) branca de la cúbica de curvatura estacionària

cercle d'inflexions

branca de la cúbica de centres de curvatura estacionària

I

B_1

A_1

P

U (Punt de Ball)

B_0

A_0

$$\frac{1}{d_i} - \frac{1}{d_0} = \frac{1}{d_i}$$

$d_i = 7,5m$
$d_0 = 20m$
$d_i = 12m$

b) branca de la cúbica de curvatura estacionària

cercle d'inflexions

branca de la cúbica de centres de curvatura estacionària

I

A_1 D_1 B_0

A_0

D_0

B_0'

P P'

U (Punt de Ball)

$$\frac{1}{d_i} - \frac{1}{d_0} = \frac{1}{d_i}$$

$d_i = 600mm$
$d_0 = 1200mm$
$d_i = 1200mm$

Figura 3.6   a) Mecanisme d'extensió de grua; b) Pala de moviment horitzontal (guiatge paral·lel per doble paral·lelogram articulat $A_0 A_1 D_1 D_0 / A_1 P P' D_1$)

3.4 Guiatge de membres

Introducció

La *síntesi de guiatge de membres* té per objecte determinar les dimensions dels membres d'un mecanisme, establerta la seva tipologia, a fi que un dels seus membres recorri, de forma exacta o aproximada, un conjunt de poses prèviament fixat (*poses o trajectòria de poses requerida*). S'anomena *posa* d'un membre o cos sòlid (terme utilitzat especialment en robòtica) la combinació de la *posició* d'un punt de referència del membre amb la seva *orientació* respecte a uns eixos de referència, en el pla o en l'espai.

Fora d'algunes geometries molt particulars, la majoria de vegades, els treballs de disseny de guiatge de membres tracten d'optimitzar l'ajust entre les poses obtingudes i les poses requerides.

El concepte de guiatge de membres és aplicable a qualsevol tipus de mecanisme i, segons la seva complexitat (en definitiva, del nombre de paràmetres que defineixen el mecanisme), el guiatge d'un membre pot adoptar un nombre menor o major de poses de precisió. Tanmateix, com en els altres tipus de síntesi, el mecanisme utilitzat preferentment és un quadrilàter articulat o un quadrilàter d'una corredora, atesa la seva simplicitat.

Guiatge d'un membre per un quadrilàter articulat

Dues i tres poses

Se suposa inicialment que es vol determinar el mecanisme de guia d'un segment A-B lligat a un determinat membre que ha de situar-se en les dues poses A_1B_1 i A_2B_2 (Fig. 3.7a, b, c i d).

Aquest problema es pot resoldre per mitjà d'una única articulació situada en la intersecció P_{12} (anomenada pol) de les mediatrius de les línies A_1-A_2 (mediatriu m_a) i B_1-B_2 (mediatriu m_b) (Fig. 3.7a); en aquest cas, el punt d'articulació, O, és únic, encara que es prengui un altre segment C-D lligat al membre (Fig. 3.7d).

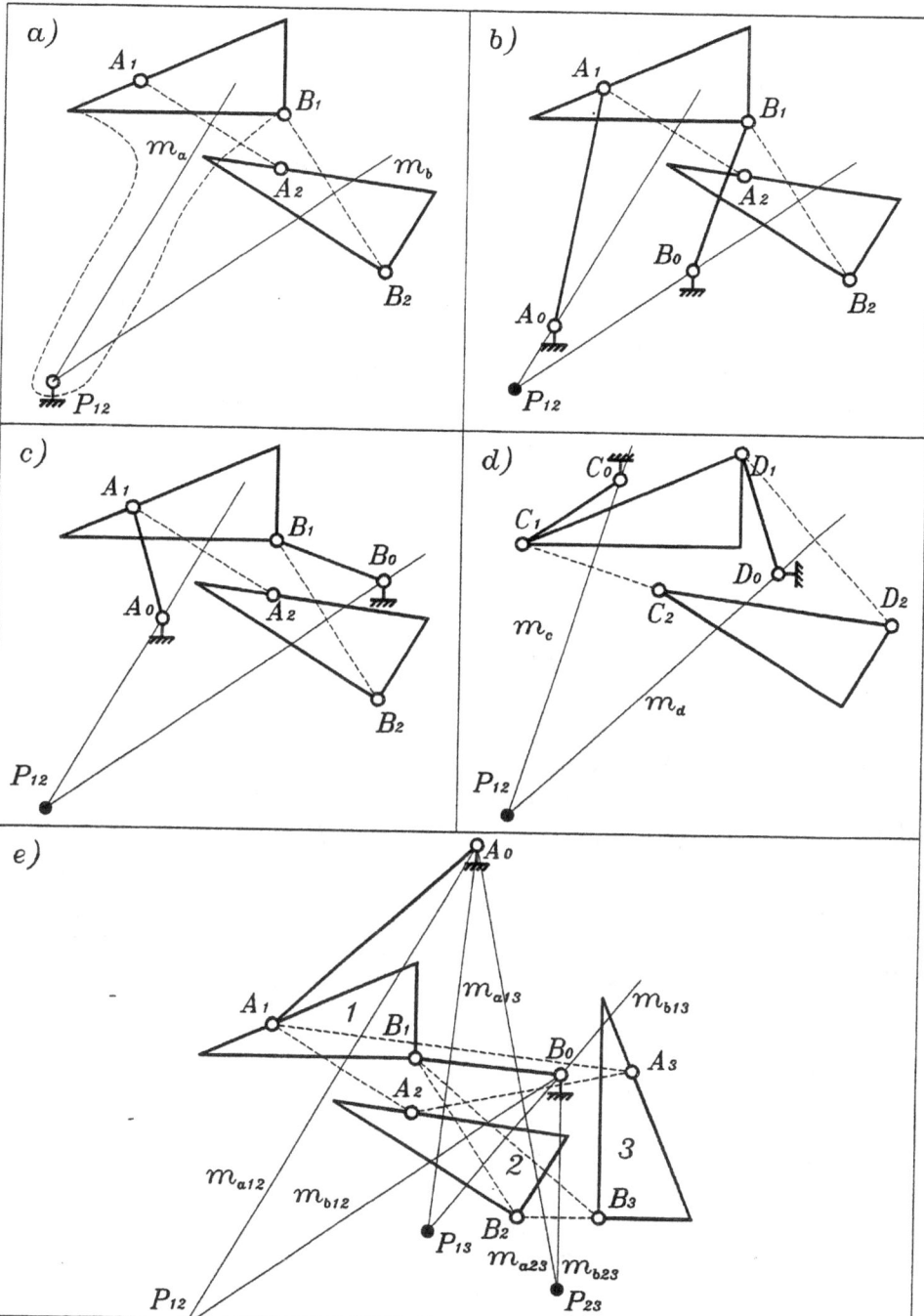

Figura 3.7   *Guiatge de biela: a) Dues posicions amb articulació; b) c) i d) Dues posicions amb quadrilàter articulat; e) Tres posicions*

El guiatge d'un membre que adopta dues poses també es pot resoldre per mitjà d'un quadrilàter articulat en què les articulacions fixes A_o i B_o s'han de situar en un punt qualsevol de les mediatrius m_a i m_b de les línies A_1-A_2 i B_1B_2 i, per tant, es poden elegir independentment 2 paràmetres (Fig. 3.7b i 3.7c). S'obtenen noves solucions si es parteix de nous segments lligats al membre (per exemple C-D, a la figura 3.7d), fet que permet l'elecció de 4 paràmetres independents més.

Si el membre ha d'adoptar tres poses prestablertes, els punts d'articulació fixos es troben en els centres de les circumferències que passen per A_1, A_2 i A_3 (punt d'intersecció A_0 de les mediatrius m_{a12} i m_{a23}) i per B_1, B_2 i B_3 (punt d'intersecció B_0 de les mediatrius m_{b12} i m_{b23}) (Fig. 3.7e). La solució és única per a un segment A-B donat, però es pot prendre qualsevol altre segment lligat al membre i, per tant, elegir 4 paràmetres independents.

Quatre i cinc poses. Teoria de Burmester

Quant el membre que cal guiar s'ha de situar en quatre poses arbitràries, aleshores les quatre posicions que adopta un punt qualsevol lligat al membre (D_1, D_2, D_3 i D_4 o E_1, E_2, E_3 i E_4, vegeu la figura 3.8) ja no se situen, en el cas general, sobre una circumferència. Tan sols uns punts singulars lligats al membre (o *punts circulars*) compleixen aquesta condició i defineixen un lloc geomètric anomenat *corba de punts circulars*; els corresponents centres (o *punts centrals*) defineixen un altre lloc geomètric anomenat *corba de punts centrals*. Per a quatre poses determinades, la corba de punts circulars, lligada al membre guiat i la corba de centres, lligada a la base, són úniques i es coneixen com a *corbes de Burmester*.

Per tant, dos punts qualsevol de la corba de punts circulars (elecció de 2 paràmetres independents) poden materialitzar les articulacions mòbils, A i B, del quadrilàter de guia i els corresponents punts centrals, A_0 i B_0, poden materialitzar les articulacions fixes (Fig. 3.8).

Si es vol guiar un membre a través de cinc poses diferents, es construeixen les corbes de Burmester per a dues agrupacions diferents de 4 poses. Les interseccions de les respectives corbes de punts circulars proporcionen les articulacions mòbils A i B, mentre que les interseccions de les respectives corbes de punts centrals proporcionen les articulacions fixes A_o i B_o (o *punts de Burmester*; n'hi poden haver 0, 2 o 4).

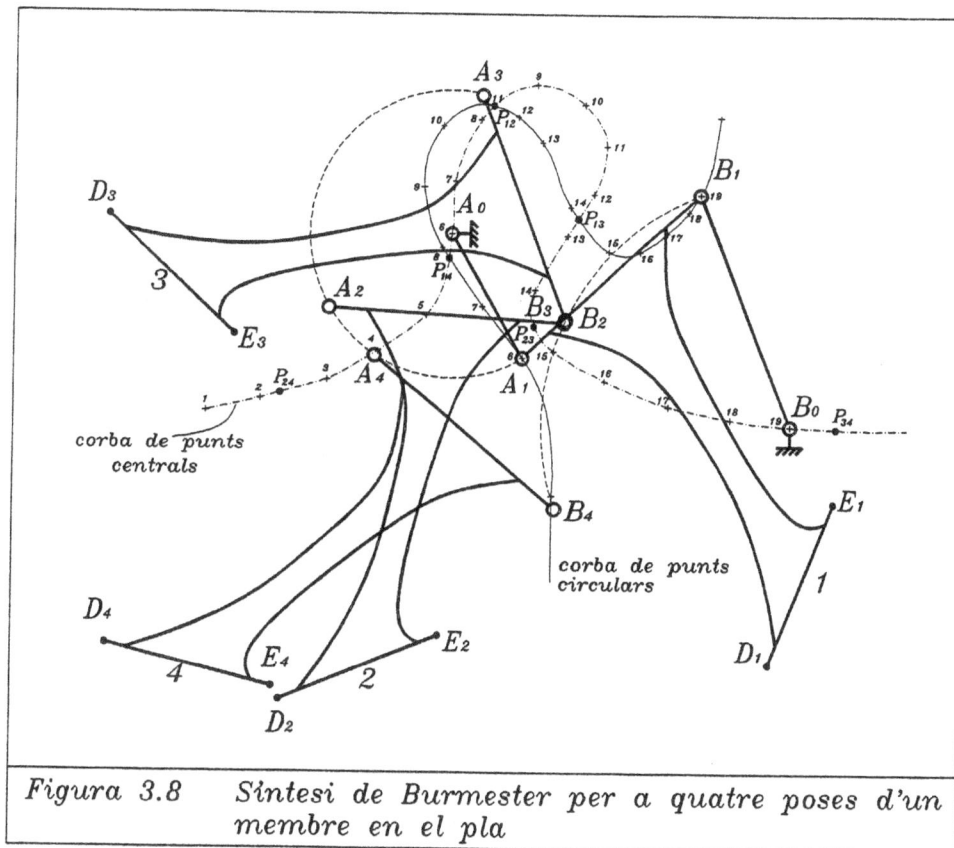

Figura 3.8   *Síntesi de Burmester per a quatre poses d'un membre en el pla*

Exemple d'aplicació:
Mecanisme de frontissa per a porta d'armari de cuina

Darrerament s'ha divulgat un tipus de frontissa per a porta d'armari de cuina que, quan la porta està tancada, tapa el muntant, mentre que quan està oberta, se situa per testa damunt del muntant. Aquest tipus de guiatge no és possible amb una articulació amb un simple enllaç de revolució, ja que es produirien diverses interferències entre la porta i el muntant.

La solució adoptada per a aquest tipus de frontisses és la d'un petit quadrilàter articulat que possibilita el moviment descrit sense donar lloc a interferències. La figura 3.9a representa el moviment d'obertura de la porta on s'assenyalen les poses inicial, A_1B_1, i final, A_3B_3, i una posa intermèdia, A_2B_2, que assegura la no interferència entre porta i muntant. La figura 3.9b mostra la resolució del mecanisme de frontissa en posició tancada i oberta.

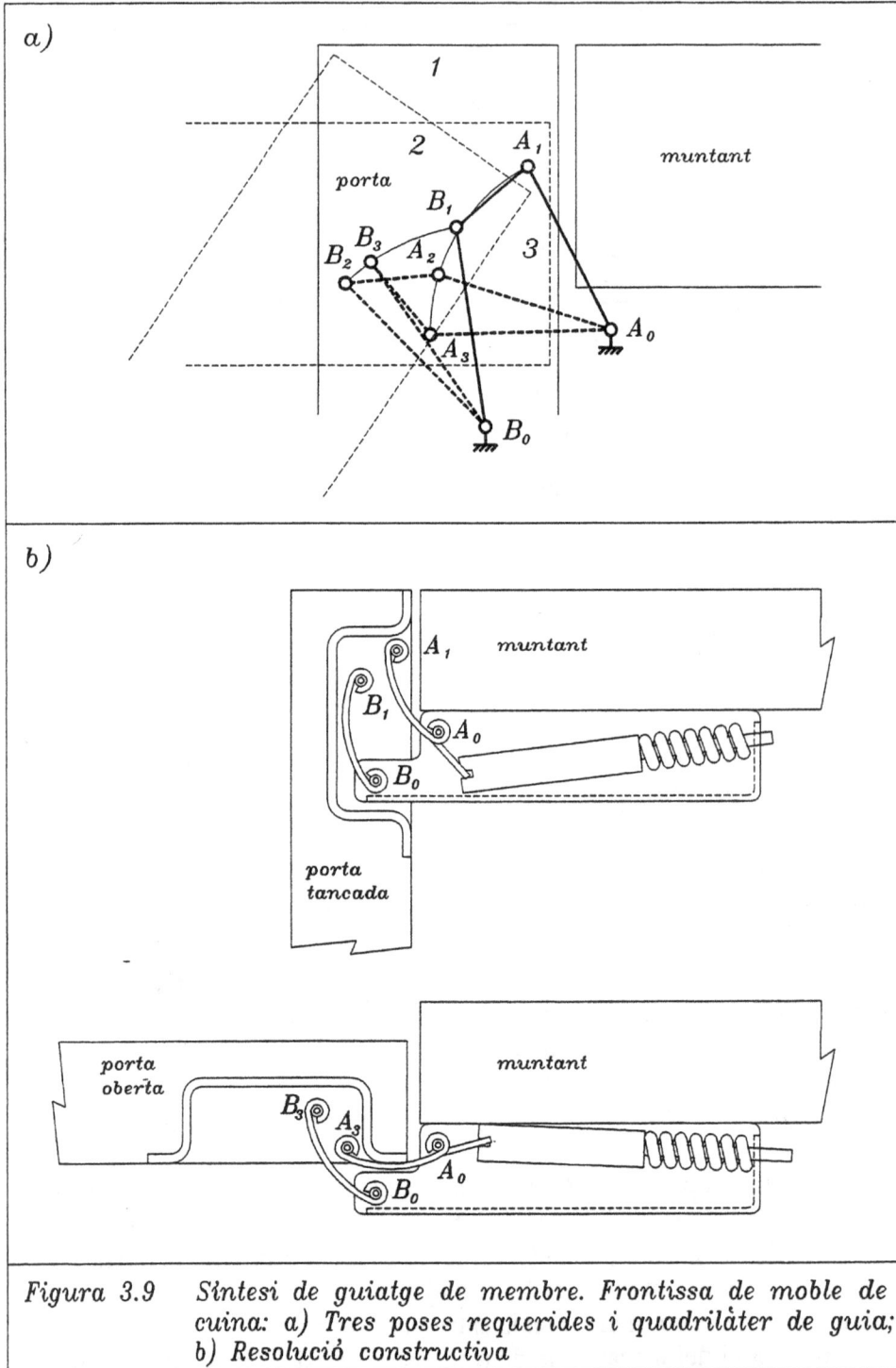

Figura 3.9   *Síntesi de guiatge de membre. Frontissa de moble de cuina: a) Tres poses requerides i quadrilàter de guia; b) Resolució constructiva*

3.5 Equilibrament de mecanismes

Introducció

En alguns mecanismes les forces d'inèrcia són utilitzades per produir un efecte: en els frens i embragatges centrífugs, les forces d'inèrcia accionen el mecanisme; en el martell, les forces d'inèrcia transformen l'energia cinètica en acció sobre el clau; o, en els volants d'inèrcia, aquestes forces regulen la velocitat o ajuden a superar els punts morts d'un mecanisme.

En molts altres mecanismes, però, les forces d'inèrcia apareixen indefectiblement lligades a les masses accelerades i donen lloc a forces desequilibrades que produeixen sacsejades sobre el conjunt i sobreesforços en els membres i enllaços. L'objecte d'aquesta secció és proporcionar mètodes per eliminar o disminuir aquests efectes nocius sobre les màquines.

L'acció de distribuir les masses en un rotor o en els membres d'un mecanisme, de manera que la força d'inèrcia resultant o el parell d'inèrcia resultant exercits sobre la base (o sobre alguns altres elements) siguin nuls o al més reduïts possible, rep el nom d'*equilibrament*. Es distingeix entre:

Equilibrament estàtic. S'obté distribuint les masses de manera que el centre de masses del mecanisme esdevingui estacionari (en un rotor, equival a situar el centre de masses sobre l'eix de rotació). Es detecta amb el mecanisme (o rotor) sense moviment, en funció tan sols de la presència de forces de gravetat.

Equilibrament dinàmic. S'obté distribuint les masses de manera que el parell d'inèrcia resultant sobre el conjunt del mecanisme sigui nul (en un rotor equival a fer coincidir un dels eixos principals d'inèrcia amb l'eix de rotació). Es detecta amb el mecanisme (o rotor) en moviment, gràcies a la presència de forces d'inèrcia.

Aquest text no estudia l'equilibrament de rotors, tema tractat en la majoria de manuals sobre màquines i mecanismes, sinó que se centra en l'estudi de l'equilibrament estàtic de mecanismes i en algunes consideracions sobre el seu equilibrament dinàmic. Com en els capítols anteriors, aquests conceptes s'apliquen al quadrilàter articulat i al quadrilàter d'una corredora.

Equilibrament d'un quadrilàter articulat

Equilibrament estàtic. El quadrilàter té dos membres articulats sobre la base (equiparables a rotors) i un altre sense punts fixos (biela). Seguint el mètode de Berkof i Lowen, l'*equilibrament estàtic* del quadrilàter equival a plantejar que la posició del seu centre de masses sigui estacionària:

$$m \cdot r_G = m_1 \cdot r_1 + m_2 \cdot r_2 + m_3 \cdot r_3 \quad \text{essent} \quad m = m_1 + m_2 + m_3 \qquad (1)$$

L'expressió, en forma exponencial, dels radis vectors dels centres de masses dels tres membres mòbils és:

$$
\begin{aligned}
r_1 &= g_1 \cdot \exp(i \cdot (\varphi_1 - \psi_1)) \\
r_2 &= a_1 \cdot \exp(i \cdot \varphi_1) + g_2 \cdot \exp(i \cdot (\varphi_2 - \psi_2)) \\
r_3 &= a_4 \cdot \exp(i \cdot \varphi_4) + g_3 \cdot \exp(i \cdot (\varphi_3 - \psi_3))
\end{aligned}
\qquad (2)
$$

I l'equació de tancament del bucle del quadrilàter articulat és:

$$a_1 \cdot \exp(i \cdot \varphi_1) + a_2 \cdot \exp(i \cdot \varphi_2) - a_4 \cdot \exp(i \cdot \varphi_4) - a_3 \cdot \exp(i \cdot \varphi_3) = 0 \qquad (3)$$

Combinant adequadament les anteriors equacions, s'arriba a la expressió següent per al radi vector del centre de masses del conjunt del mecanisme (els vectors A, B i C són constants):

$$r_G = (A \cdot \exp(i \cdot \varphi_1) + B \cdot \exp(i \cdot \varphi_3) + C)/m \qquad (4)$$

Essent φ_1 i φ_3 variables amb el moviment. Per tal que el radi vector del centre de masses sigui estacionari, cal que els vectors A i B siguin nuls

$$
\begin{aligned}
A &= m_1 \cdot g_1 \cdot \exp(i \cdot \psi_1) - m_2 \cdot g_2' \cdot (a_1/a_2) \cdot \exp(i \cdot \psi_2') = 0 \quad \Rightarrow \\
&\quad m_1 \cdot g_1 = m_2 \cdot g_2' \cdot (a_1/a_2) \qquad \psi_1 = \psi_2' \\
\\
B &= m_3 \cdot g_3 \cdot \exp(i \cdot \psi_3) + m_2 \cdot g_2 \cdot (a_3/a_2) \cdot \exp(i \cdot \psi_2) = 0 \quad \Rightarrow \\
&\quad m_3 \cdot g_3 = m_2 \cdot g_2 \cdot (a_3/a_2) \qquad \psi_3 = \psi_2 + \pi
\end{aligned}
\qquad (5)
$$

Quan es donen les condicions anteriors, el radi vector del centre de masses del mecanisme és estacionari i coincideix amb el quocient entre el vector constant C i la massa total, m:

$$r_G = C/m = [m_3 \cdot a_4 \cdot \exp(i \cdot \psi_4) + m_2 \cdot g_2 \cdot (a_4/a_2) \cdot \exp(i \cdot (\psi_2 + \psi_4))]/m \qquad (6)$$

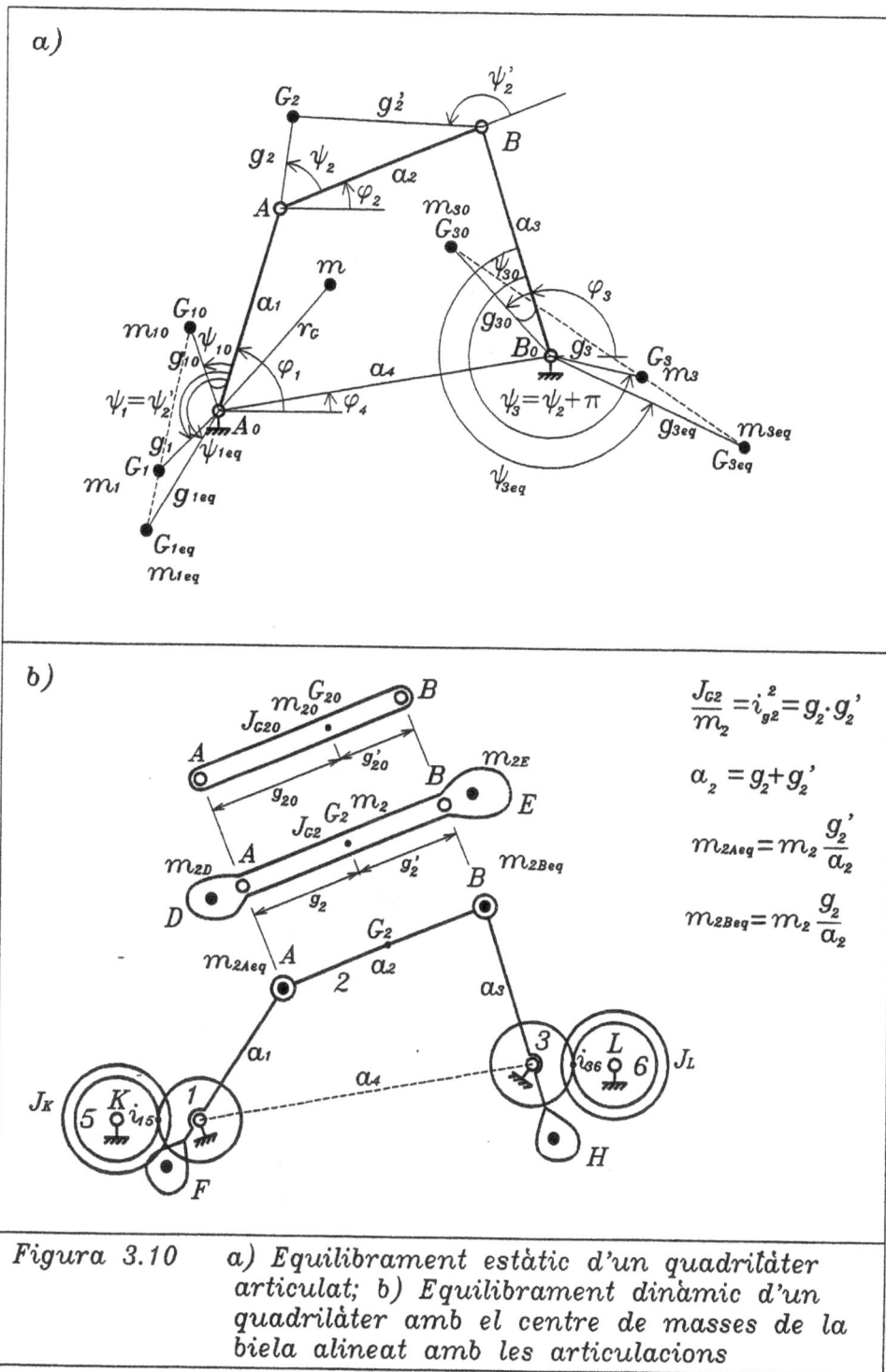

Figura 3.10   a) Equilibrament estàtic d'un quadrilàter articulat; b) Equilibrament dinàmic d'un quadrilàter amb el centre de masses de la biela alineat amb les articulacions

Si es consideren els membres 1 i 3 sense massa, els productes massa-distància $m_1 \cdot g_1$ i $m_3 \cdot g_3$ aplicats sobre seu en les direccions ψ_1 i ψ_3, equilibren estàticament la biela; si els membres 1 i 3 tenen massa, cal superposar-hi el resultat d'equilibrar aquests membres com a rotors (Fig. 3.10a).

Equilibrament dinàmic. Amb l'estudi anterior s'ha obtingut l'equilibrament de la força resultant sobre el mecanisme (equilibri estàtic), però resten desequilibrats els parells d'inèrcia (desequilibri dinàmic). En un mecanisme amb moviment pla apareixen, en el cas general, moments de les forces d'inèrcia amb components en diverses direccions: aquells originats per membres sotmesos a acceleracions angulars al llarg del cicle (moments de les forces d'inèrcia plans, en la direcció dels eixos de rotació); aquells originats pel fet que, en general, no totes les masses estan situades en el mateix pla (moments de les forces d'inèrcia transversals, en les direccions perpendiculars als eixos). A continuació s'expliquen dos procediments per equilibrar totalment (estàticament i dinàmicament) un quadrilàter articulat:

a)   *Procediment dels contrarotors* (Fig. 3.10).

Primer, es modifica amb contrapesos la distribució de masses de la biela a fi que el seu centre de masses, G_2, es trobi sobre la línia que uneix les articulacions (encara que no es trobin sobre un mateix pla) i el seu moment d'inèrcia, J_{G2}, i la seva massa, m_2, permetin la substitució per dues masses puntuals equivalents situades sobre les articulacions A i B (m_{2Aeq} i m_{2Beq}). Després, els membres 1 i 3 s'equilibren com a rotors, tot tenint present que cada un suporta una de les masses equivalents, m_{2Aeq} i m_{2Beq}. Resten, però, els parells d'inèrcia originats per les acceleracions experimentades pels membres 1 i 3 durant el cicle. Per a equilibrar-los, es creen dos contrarotors, 5 i 6, que giren en sentits contraris als respectius rotors 1 i 3 amb uns moments d'inèrcia de $J_K = J_1 \cdot i_{15}$ i $J_L = J_3 \cdot i_{36}$, essent i_{15} i i_{36} les respectives relacions de transmissió. D'aquesta manera s'aconsegueix l'eliminació total del moment resultant de les forces d'inèrcia.

b)   *Procediment del mecanisme simètric* (Fig. 3.11)

Primer s'equilibra estàticament el mecanisme i es s'obliga que el centre de masses, G, sigui estacionari. Després, es crea un mecanisme simètric respecte a una paral·lela a la línia d'articulacions fixes, amb una transmissió de relació $i_{11'} = -1$ entre els primers (o tercers) membres del quadrilàter articulat. En aquest cas també s'equilibren totalment els parells d'inèrcia.

Cal tenir present que aquests procediments descrits d'equilibrament total poden no ser operatius, per la complexitat constructiva que comporten, per la dimensió de les masses equilibrants o per la introducció d'un moment d'inèrcia excessiu, per la qual cosa, sovint s'utilitzen procediments que optimitzen el grau d'equilibrament tenint en compte els factors enunciats.

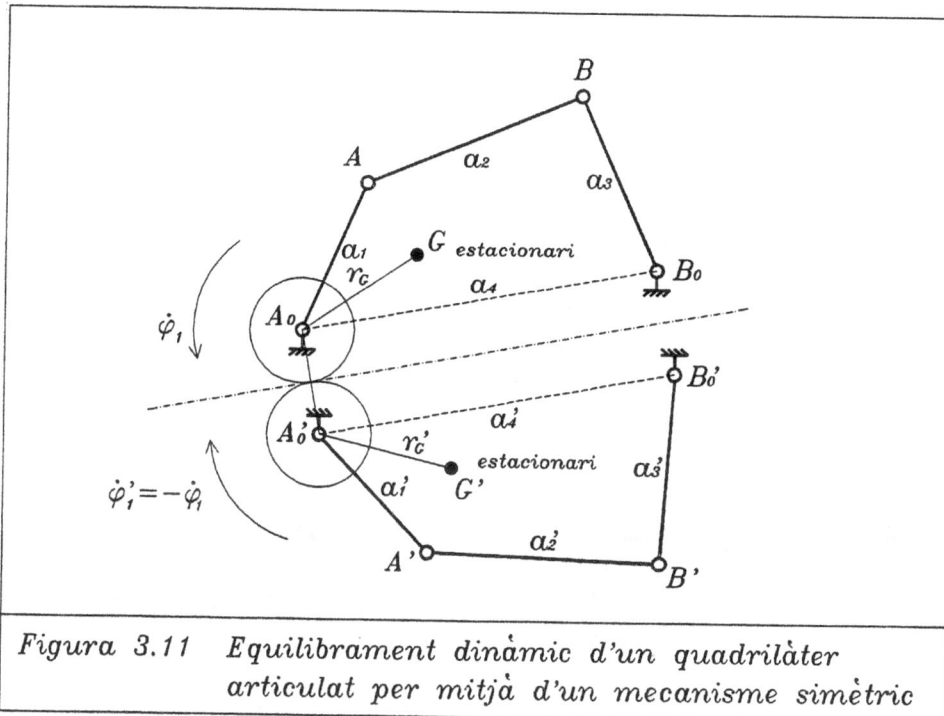

Figura 3.11   Equilibrament dinàmic d'un quadrilàter articulat per mitjà d'un mecanisme simètric

Equilibrament d'un quadrilàter d'una corredora

L'estudi de l'equilibrament d'aquest mecanisme (en el cas simètric) té un gran interès, ja que s'aplica a l'equilibrament de motors d'explosió monocilíndrics i policilíndrics, així com a d'altres mecanismes anàlegs.

Es considera la massa de la biela descomposta en dues masses puntuals, una situada en l'articulació de la corredora (o pistó) i l'altra situada en l'articulació mòbil del manubri (o cigonyal), situació molt aproximada en la majoria de casos reals. Atès que el cigonyal pot ser equilibrat com un rotor, queden només per equilibrar les masses alternatives lligades al pistó.

Considerant un moviment de rotació uniforme del cigonyal ($\dot{\varphi}_1$=constant) i prenent els dos primers termes del desenvolupament en sèrie de Fourier del moviment del pistó, s'obté:

$$x = (a_2 - \tfrac{1}{4}a_{12}/a_2) + a_1 \cdot \cos(\dot{\varphi}_1 \cdot t) + \tfrac{1}{4}a_1^2/a_2 \cdot \cos(2 \cdot \dot{\varphi}_1 \cdot t) \qquad (7)$$

Derivant aquesta expressió s'obté l'acceleració i multiplicant per la massa associada al pistó, m_3, s'obté la força d'inèrcia de la massa alternativa:

$$F_{i3} = -m_3 \cdot \ddot{x} = m_3 \cdot \dot{\varphi}^2 \cdot a_1 \cdot \cos(\dot{\varphi}_1 \cdot t) +$$
$$+ (\tfrac{1}{4}m_3 \cdot a_1/a_2) \cdot (2 \cdot \dot{\varphi})^2 \cdot a_1 \cdot \cos(2 \cdot \dot{\varphi}_1 \cdot t) \qquad (8)$$

Aquesta força es pot descompondre en dos components de la força d'inèrcia que poden ser modelitzats de la forma següent:

a)   El primer component és equivalent a la força d'inèrcia resultant de situar la massa associada al pistó a l'articulació mòbil del cigonyal A, girant a la seva mateixa velocitat i projectada sobre l'eix del cilindre: s'anomena *força d'inèrcia primària* i és la més important.

b)   El segon component és equivalent a la força d'inèrcia resultant de situar la massa associada al pistó, afectada del factor $\tfrac{1}{4} \cdot a_1/a_2$, a l'articulació mòbil del cigonyal A, girant a velocitat doble i projectada sobre l'eix del cilindre: s'anomena *força d'inèrcia secundària* i dóna lloc a valors més petits.

El conjunt de les forces d'inèrcia primària i secundària pot ser materialitzat per quatre rotors disposats simètricament respecte a l'eix del cilindre, girant a $+\dot{\varphi}$, $-\dot{\varphi}$, $+2 \cdot \dot{\varphi}$ i $-2 \cdot \dot{\varphi}$. Els dos primers rotors (*rotors primaris*) porten una massa desequilibrada de $\tfrac{1}{2}m_3$ a la distància del colze de cigonyal, segons les orientacions marcades a la figura 3.12b, mentre que els dos darrers rotors (*rotors secundaris*) porten una massa desequilibrada de $\tfrac{1}{8}m_3 \cdot (a_1/a_2)$, també a la distància del colze del cigonyal, segons les orientacions marcades a la figura 3.12b.

Si es materialitzen els quatre rotors descrits, però amb les masses situades a 180°, s'obté un bon equilibrament estàtic de la biela; molts motors monocilíndrics equilibren només la força d'inèrcia primària a $+\dot{\varphi}$, per la seva simplicitat constructiva i alguns dels de prestacions més altes, incorporen un contrarotor per equilibrar la força d'inèrcia primària a $-\dot{\varphi}$.

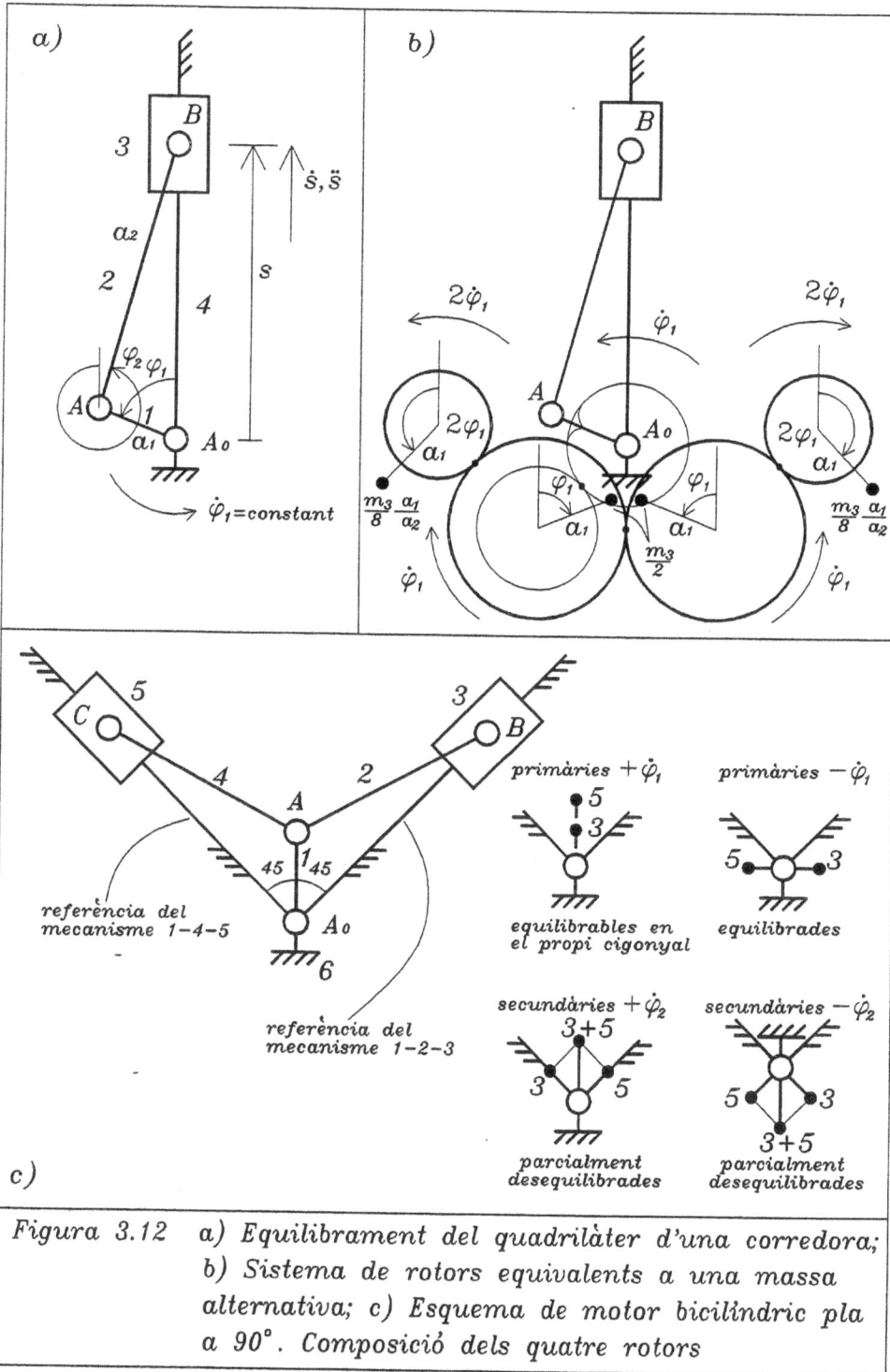

Figura 3.12   a) *Equilibrament del quadrilàter d'una corredora;* b) *Sistema de rotors equivalents a una massa alternativa;* c) *Esquema de motor bicilíndric pla a 90°. Composició dels quatre rotors*

Motors policilíndrics

Els motors policilíndrics procuren adoptar disposicions dels cilindres per tal que les forces d'inèrcia d'uns es compensin totalment o parcialment amb les dels altres. En l'estudi del grau d'equilibrament d'un motor cal comprovar la compensació de forces i parells en cada un dels 4 rotors equivalents, ja que giren amb velocitats diferents. Quan es compensen les resultants de les forces d'inèrcia el motor està *equilibrat estàticament*, mentre que quan també ho fan els moments, el motor està *equilibrat dinàmicament*

Un desequilibri de les forces d'inèrcia primàries a $+\dot{\varphi}$ és fàcil de compensar sobre el mateix cigonyal, ja que gira en el mateix sentit, mentre que un desequilibri de les forces d'inèrcia primàries a $-\dot{\varphi}$ tan sols es pot compensar creant un arbre que giri en aquest sentit (hi ha motors que el duen). Finalment, els desequilibris de les forces d'inèrcia secundàries són difícils de compensar (creació d'arbres que giren a $+2\dot{\varphi}$ i a $-2\dot{\varphi}$), però els seus efectes també són més limitats.

La figura 3.12c mostra la disposició d'un motor bicilíndric en V a 90°, el qual té els dos mecanismes de pistó-biela-cigonyal en dues direccions a 90° en un mateix pla i, per tant, no dóna lloc a moments desequilibrats en direccions perpendiculars a l'eix del cigonyal. Com es pot comprovar en la representació dels rotors equivalents, aquest motor té desequilibrades les forces d'inèrcia primàries a $+\dot{\varphi}$ (fàcils d'equilibrar sobre el mateix cigonyal); té equilibrades les forces d'inèrcia primàries a $-\dot{\varphi}$ (característica molt satisfactòria, ja que no cal la creació de contrarotors); i té parcialment compensades les forces d'inèrcia secundàries. Per a un motor bicilíndric és una solució acceptable.

La figura 3.13a mostra la disposició d'un motor tricilíndric que, com tots els motors en línia, té mecanismes de pistó-biela-cigonyal en diversos plans paral·lels, en aquest cas amb els colzes de cigonyal situats a 120°. Com es pot comprovar en la representació dels rotors equivalents, aquesta disposició té les resultants totalment equilibrades, tant de les forces d'inèrcia primàries com secundàries, però té tots els moments resultants (segons direccions perpendiculars a l'eix de rotació) desequilibrats. De forma senzilla, sols es pot compensar el moment desequilibrat de les forces d'inèrcia primàries a $+\dot{\varphi}$ amb contrapesos sobre el cigonyal. Per a un equilibrament millor, caldria crear un contrarotor per compensar el moment resultant de les forces d'inèrcia primàries a $-\dot{\varphi}$.

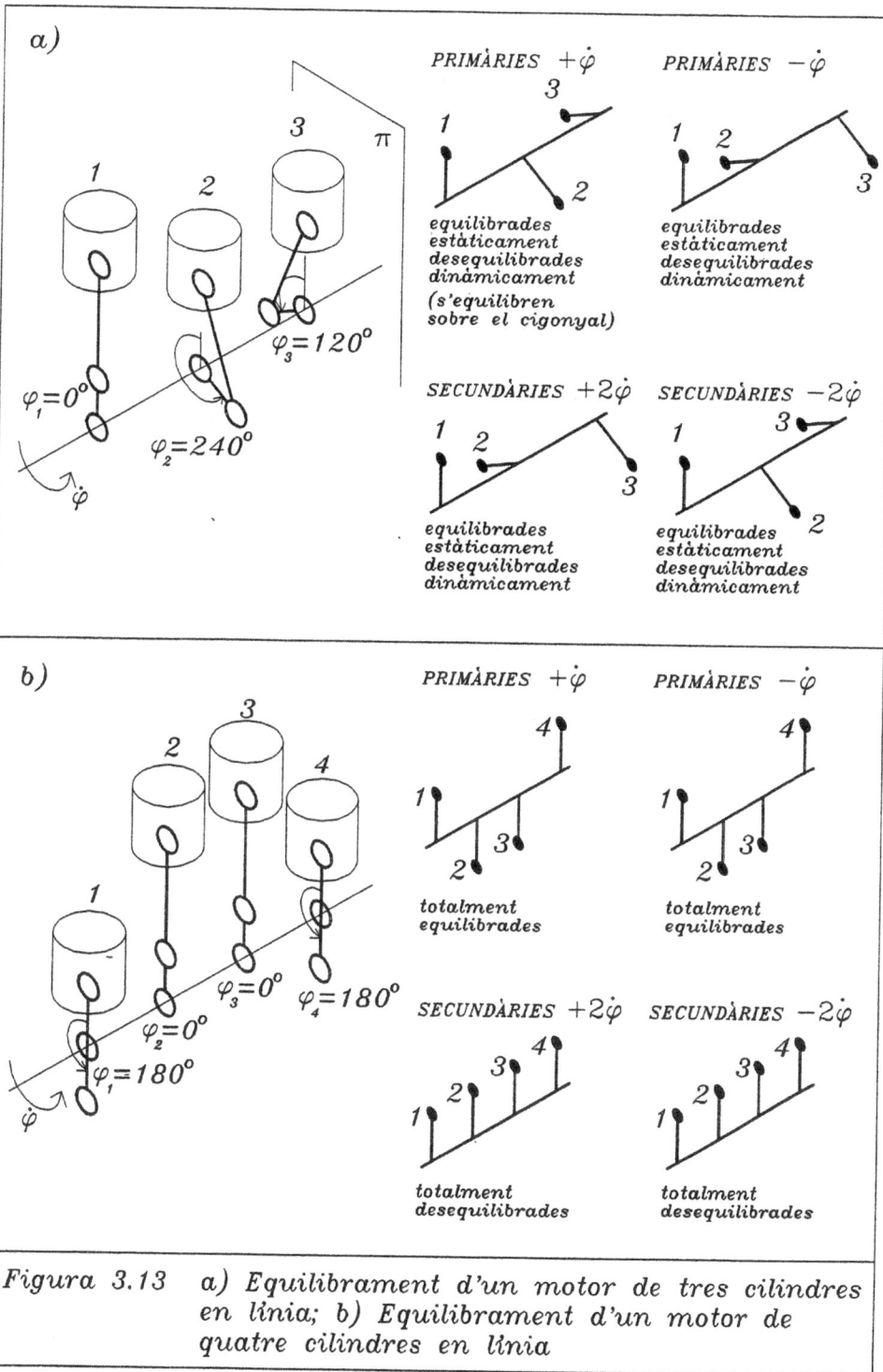

a)

PRIMÀRIES $+\dot{\varphi}$

equilibrades
estàticament
desequilibrades
dinàmicament
(s'equilibren
sobre el cigonyal)

PRIMÀRIES $-\dot{\varphi}$

equilibrades
estàticament
desequilibrades
dinàmicament

SECUNDÀRIES $+2\dot{\varphi}$

equilibrades
estàticament
desequilibrades
dinàmicament

SECUNDÀRIES $-2\dot{\varphi}$

equilibrades
estàticament
desequilibrades
dinàmicament

b)

PRIMÀRIES $+\dot{\varphi}$

totalment
equilibrades

PRIMÀRIES $-\dot{\varphi}$

totalment
equilibrades

SECUNDÀRIES $+2\dot{\varphi}$

totalment
desequilibrades

SECUNDÀRIES $-2\dot{\varphi}$

totalment
desequilibrades

Figura 3.13   a) Equilibrament d'un motor de tres cilindres
en línia; b) Equilibrament d'un motor de
quatre cilindres en línia

El motor de 6 cilindres en línia, duplicació del de 3 a partir d'una simetria especular respecte al pla π (Fig. 3.13a), té totes les resultants i els moments resultants de les forces d'inèrcia equilibrats, per la qual cosa esdevé un dels motors de funcionament més suau.

Finalment, la Figura 3.13b mostra la disposició d'un motor de quatre cilindres en línia, probablement la més freqüent de totes, amb els colzes de cigonyal situats a 0°, 180°, 180° i 0°. Com es pot comprovar en la representació dels rotors equivalents, aquesta disposició té les forces d'inèrcia primàries, tant les de $+\dot{\varphi}$ com les de $-\dot{\varphi}$, totalment equilibrades en resultant i moment resultant, mentre que les forces d'inèrcia secundàries, tant les de $+2\dot{\varphi}$ com les de $-2\dot{\varphi}$, estan totalment desequilibrades.

Annex de terminologia

Introducció

L'objecte d'aquest annex és precisar la terminologia relacionada amb els conceptes de *màquina* i de *mecanisme*. El llenguatge comú acostuma a utilitzar aquests termes de forma poc precisa, de vegades quasi com a sinònims i altres vegades amb significats molt diferents.

Hi ha també altres termes, com ara *sistema mecànic*, de caràcter genèric, *aparell*, *dispositiu*, *equip*, *instal·lació* o *instrument*, relacionats amb el terme màquina, i *cadena cinemàtica* o *estructura*, relacionats amb el terme mecanisme, el significat i l'abast dels quals no sempre estan ben delimitats.

D'altra banda, la descripció i l'anàlisi de les parts de les màquines, dels mecanismes o altres sistemes mecànics, dóna lloc a termes com per exemple *element mecànic*, de caràcter genèric, *peça*, *component*, *conjunt*, *mòdul*, *enllaç* i *unió*, per a les màquines, o *membre* i *parell cinemàtic*, per als mecanismes, el significat i l'ús dels quals té importants fluctuacions.

Tanmateix, el llenguatge tècnic ha de precisar els conceptes i ha de fixar la *terminologia* per tal d'esdevenir rigorós. A continuació es presenta, doncs, la definició conceptual utilitzada en aquest text dels termes esmentats, elaborada a partir de definicions donades per diverses fonts, d'entre les quals es destaquen les següents:

*   *Terminologia per a la teoria de màquines i mecanismes* (IFToMM)
*   *Gran enciclopèdia catalana*
*   *Diccionari del taller mecànic.*

A) Termes generals sobre sistemes mecànics

Sistema mecànic. Conjunt organitzat d'elements mecànics, en el comportament del qual intervé un o més dels aspectes següents: moviment, forces, inèrcia, rigidesa i amortiment. Els principals sistemes mecànics poden classificar-se, de forma simplificada, en:

Màquina. Sistema mecànic amb parts mòbils, materialitzat.
Mecanisme. Sistema mecànic amb parts mòbils, idealitzat.
Estructura (o *estructura fixa*). Sistema mecànic sense parts mòbils.
Estructura resistent. Sistema mecànic capaç de suportar esforços.

> **Nota:** El terme *estructura* presenta tres significats diferents: *a*) Estructura com a organització dels elements d'un sistema; *b*) Estructura com a sistema sense parts mòbils; *c*) Estructura com a sistema resistent. En aquest text s'ha reservat el terme concís per al segon d'aquests significats, mentre que es parla d'estructura d'una màquina, d'estructura d'un mecanisme (forçosament mòbil, com l'estructura articulada d'un robot) per al primer significat, i d'estructura resistent per al tercer significat.

Element mecànic. Part (o delimitació) d'un sistema mecànic (màquina, mecanisme o estructura resistent) susceptible de ser analitzada.

Element de màquina. Part d'una màquina (peça, component, conjunt o unió) que realitza una funció simple. També s'usa el terme *òrgan*.
Element de mecanisme. Part simple d'un mecanisme: membre o parell cinemàtic.
Element resistent. Part d'una estructura resistent (peça, component, conjunt o unió) que realitza una funció simple.

B) Màquina i termes relacionats

Màquina. Sistema format per un o més conjunts mecànics amb parts mòbils (materialització d'un o més mecanismes) i eventualment per altres conjunts (elèctrics, electrònics, òptics, etc.), organitzats en una unitat sobre una base comuna, que realitza una tasca o funció pròpia, tal com la manipulació, la conformació de materials o la transformació d'energia, en la qual són característiques les funcions de guiatge i de transmissió relacionades amb els moviments i les forces (fresadora, rentadora, turbina).

Els termes que es relacionen amb el de *màquina* són:

Aparell. Sistema format per un o més conjunts mecànics, elèctrics, electrònics, òptics o altres, organitzat en una unitat que realitza una determinada operació o funció pròpia (vehicle, transformador elèctric, telescopi, televisor).

Dispositiu. Sistema format per un o més components o conjunts que realitza una funció determinada, generalment auxiliar, en un sistema més complex (dispositiu de seguretat, dispositiu de frenada).

Equip. Sistema format per diverses peces, dispositius, instruments, aparells o màquines, generalment en unitats separades, així com també determinades interconnexions (cables, conduccions, transmissors de senyal), necessari per efectuar una tasca (equip de soldadura).

Instal·lació. Sistema format per diversos dispositius, instruments, aparells o màquines, amb les corresponents interconnexions (conduccions, cables), que realitza una funció sovint auxiliar, els elements del qual se situen i fixen prenent com a base una màquina més complexa, un edifici o un territori (instal·lació d'aire condicionat).

Nota: El terme *instrument*, que genèricament significa objecte, dispositiu o aparell de què hom se serveix per dur a terme una operació (una *eina* és un instrument manual, o usat en màquines-eines), té un significat més específic de dispositiu o aparell utilitzat per detectar, mesurar, comprovar i regular fenòmens físics o per enregistrar, processar i comunicar dades corresponents a aquests fenòmens (voltímetre, generador de senyal).

Anàlisi comparativa: *Màquina, aparell, dispositiu, equip* i *instal·lació.*

La *màquina* és un dels conceptes centrals en l'objectiu d'aquest text, que es caracteritza pels següents trets: realitza una tasca pròpia, generalment transformadora d'energia i de materials i actua sota un principi de funcionament mecànic. Constitueix una unitat amb base constructiva pròpia.

Tant l'*aparell* com el *dispositiu* poden actuar sota de diferents principis de funcionament: mecànic, però també elèctric, electrònic, òptic, informàtic (aparells mecànics, elèctrics; dispositius electrònics, òptics), si bé el primer d'ells presenta una funció pròpia, mentre que el segon realitza funcions auxiliars en un sistema més complex (dispositiu de fixació, de seguretat).

Ni l'*equip* ni la *instal·lació* presenten una organització sobre una base pròpia; el primer està constituït per un conjunt d'elements, generalment separats, aptes per a la realització d'una tasca pròpia determinada (equip de soldadura); mentre que la segona està constituïda per un conjunt d'elements (dispositius, màquines, interconnexions), fixats sobre una base externa (màquina, edifici, territori), que generalment realitza funcions auxiliars (instal·lació elèctrica d'un automòbil, d'aire comprimit d'una nau).

Taula-resum. De l'anterior anàlisi, en resulten uns trets bàsics per a la discriminació dels diferents termes: el caràcter de la *tasca* (o *funció global*), el *principi conceptual* (o principi de funcionament) i la *base constructiva* sobre la qual s'organitza cada un dels sistemes considerats. La taula-resum següent sintetitza aquests conceptes:

	Tasca o Funció global	Principi conceptual	Base constructiva
Màquina	Pròpia	Mecànic	Pròpia
Aparell	Pròpia	Mecànic/Diversos	Pròpia
Dispositiu	Auxiliar	Mecànic/Diversos	Pròpia/Aliena
Equip	Pròpia	Diversos	Sense base
Instal·lació	Pròpia/Auxiliar	Diversos	Aliena

C) Mecanisme i termes relacionats

Mecanisme. Sistema mecànic amb parts mòbils, idealitzat, format per membres connectats per mitjà de parells cinemàtics, amb un membre de referència fix (anomenat base), que realitza funcions de guiatge i de transmissió relacionades amb els moviments i les forces en el si d'un dispositiu, aparell o màquina. També, cadena cinemàtica amb parts mòbils que té un membre fix. Els termes que es relacionen amb el de *mecanisme* són:

Cadena cinemàtica. Sistema mecànic format per membres connectats per mitjà de parells cinemàtics.
Estructura. Cadena cinemàtica sense parts mòbils.

Anàlisi comparativa: *Cadena cinemàtica, mecanisme i estructura*

El terme més genèric és *cadena cinemàtica*. Tanmateix, el concepte de *mecanisme* és el que està més directament relacionat amb el de màquina, perquè és la delimitació idealitzada d'un dels seus conjunts mecànics amb mobilitat. El concepte de *cadena cinemàtica*, amb un vessant més descriptiu, s'orienta vers l'estudi de l'organització dels seus elements, mentre que el concepte de *mecanisme*, amb un vessant més operatiu, s'orienta vers l'estudi de la funció que realitza en el si de la màquina.

Un *mecanisme* es pot definir com una cadena cinemàtica amb parts mòbils, mentre que una *estructura (fixa)* es pot definir com una cadena cinemàtica sense parts mòbils. El concepte d'*estructura resistent* s'aplica a sistemes mecànics formats per elements resistents; moltes de les estructures resistents no tenen parts mòbils, però determinats mecanismes que realitzen funcions de guiat-ge i de suport prenen el nom d'*estructura articulada* (d'un robot, d'una grua). Així com en un *mecanisme* l'atenció se centra en els moviments i forces dels seus membres i parells cinemàtics, en una *estructura resistent* l'atenció se centra en la resistència i la rigidesa de les seves peces i de les seves unions.

D) Parts de màquina i elements de mecanisme

Parts de màquina (o d'**estructura resistent**)

Peça.   Part sòlida, constituent d'un component, conjunt, dispositiu, aparell, màquina o estructura resistent, caracteritzada pel material i per la forma i obtinguda com a cos separat en el procés de conformació.

Component.   Peça, cos material complex (format per diferents fases materials, capes, recobriments, insercions, etc.) o conjunt de peces que constitueix una part unitària en un conjunt més complex.

Conjunt (o grup).   Composició de diverses peces i components connectats entre ells amb unions fixes o mòbils.
Subconjunt (o subgrup). Conjunt (o grup) relacionat amb una composició de més complexitat.

Mòdul. Conjunt amb determinades característiques (funcions, formes, dimensions) fàcil de combinar (adaptar, unir, interconnectar) amb altres conjunts anàlegs per proporcionar una o diverses variants o gammes de màquines, dispositius, aparells, instal·lacions o estructures resistents.

Enllaç (Unió mòbil). Connexió entre dues parts d'una màquina (dispositiu o aparell) o de determinades estructures resistents, que permet el moviment relatiu (real o virtual, respectivament) entre elles, ja sigui per mitjà del lliscament en la zona de contacte, del rodolament entre les parts o de la interposició d'elements elàstics.
També, materialització física d'un parell cinemàtic.
Articulació. Enllaç que materialitza un parell cinemàtic inferior.

Unió fixa. Connexió entre dues parts d'una màquina (dispositiu o aparell) o d'una estructura resistent que impedeix el moviment relatiu entre elles. Les unions fixes poden ser *desmuntables* o *no desmuntables* segons que les parts puguin ser separades o no sense la seva destrucció parcial o total.

Elements de mecanisme

Membre. Element de mecanisme (o de cadena cinemàtica) que idealitza un cos sòlid o líquid, rígid o quasi rígid en totes o en determinades direccions (sòlid rígid, sòlid unirígid, líquid mòbil en un espai confinat), amb moviment independent, que presenta dimensions significatives des del punt de vista cinemàtic.
Base. Membre fix o de referència d'un mecanisme.

Parell cinemàtic. Element de mecanisme (o de cadena cinemàtica) que idealitza una connexió mòbil (amb moviment relatiu real o virtual) entre dos membres, configurada pel conjunt de superfícies, línies o punts de contacte, la qual comporta restriccions tant en el tipus de moviment relatiu (lineal, de rotació) com en el nombre de variables independents que el defineixen (grau de llibertat).
Parell inferior. Parell cinemàtic de contacte superficial
Parell superior. Parell cinemàtic de contacte lineal o puntual.

Anàlisi comparativa: *Peça/membre*; *Enllaç/parell cinemàtic*; *Component /conjunt/mòdul*

Peça i membre. Una *peça* és l'element constructiu més simple d'una màquina, mentre que un *membre* és un element de mecanisme, idealització d'una part mòbil de màquina. La materialització d'un *membre* de mecanisme en una màquina pot adoptar la forma d'una o més *peces* unides rígidament entre elles (biela de motor d'explosió, carcassa d'un reductor, eix de pedals d'una bicicleta). Un *membre* d'un mecanisme té dimensions significatives respecte a la cinemàtica, l'estàtica i la dinàmica, mentre que una *peça* d'una màquina o d'una estructura resistent presenta dimensions adequades a la resistència i a la rigidesa.

Enllaç i parell cinemàtic. Un *enllaç* (o *unió mòbil*) és la solució constructiva d'una connexió mòbil entre dues parts d'una màquina, mentre que un *parell cinemàtic* és la seva idealització en un mecanisme. En materialitzar un determinat *parell cinemàtic* en una màquina, pot adoptar més d'una solució constructiva (*enllaç*) amb denominacions diferents (un parell de revolució es pot resoldre en un enllaç de pivot, de polleguera, d'excèntrica, de rodament de boles, etc.), ja sigui per mitjà de determinades superfícies de contacte entre les peces (superfícies planes, cilíndriques), ja sigui per interposició d'un component específic (rodament, ròtula, guia lineal).

Peça i component. La *peça* és l'element més simple d'una màquina, constituït per un sol material, amb forma i dimensions obtingudes per mitjà d'un procés de conformació (cargol, passador, barra, roda dentada, corró). En manteniment també es denomina *peça* la part més simple en què es pot desmuntar un dispositiu, aparell, màquina o instal·lació; tanmateix, moltes d'aquestes parts estan formades per la unió íntima de diferents fases materials (elements goma-metall, peces amb insercions, components electrònics, circuits integrats) o conjunts que no poden ser separats en parts sense la seva destrucció (rodaments; elements soldats, grapats, reblonats, calats a premsa, segellats). El concepte de *component* permet designar aquests tipus d'elements, els quals no són pròpiament ni peces, per la presència de diversos materials, ni conjunts, ja que la imbricació dels diferents materials és indestriable del procés de fabricació.

Component i conjunt (o *grup*). Un *component* és qualsevol part (senzilla o complexa) que constitueix una unitat en un conjunt més complex, mentre que un *conjunt* (o *grup*) és qualsevol agrupació de parts simples o components, unides entre elles amb unions fixes o mòbils. Un *subconjunt* (o de *subgrup*) és un *component* necessàriament constituït per un conjunt. Tot i mantenir la seva reciprocitat, els conceptes de component i de conjunt adquireixen una menor o major complexitat en funció del context: un passador (peça) és un component del conjunt frontissa; un motor d'explosió (subconjunt complex) és un component del conjunt més complex automòbil.

Mòdul, component i *conjunt*. El mòdul (també *element modular* o *conjunt modular*) és un component complex (format per un conjunt) d'un sistema mecànic amb dos trets diferenciadors: presenta determinades característiques o funcions que participen en l'organització del sistema; i adopta una solució constructiva amb formes i dimensions susceptibles de combinar (adaptar, unir, interconnectar) fàcilment amb altres elements anàlegs. L'estructuració modular facilita la creació de gammes o de variants de màquines a partir de la combinació de mòduls i una fàcil reparació (diagnòstic, desmuntatge i substitució). Mentre que un *component* (o *conjunt*) participa fonamentalment en l'organització constructiva del sistema mecànic del qual formen part, el *mòdul* intervé també en la seva organització funcional.

Taula-resum. De l'anterior anàlisi, en resulten uns trets bàsics per a la discriminació dels diferents termes de parts de màquina: la *diversitat de materials* que la formen (únic i/o diversos), el *procediment de formació* (conformació, procés de fabricació, muntatge/unió) i la *relació amb el sistema mecànic* (constructiva i funcional):

	Diversitat de materials	Procediment de formació	Relació amb el sistema mecànic
Peça	Únic	Conformació	Constructiva
Component	Únic Diversos	Conformació Procés Muntatge/Unió	Constructiva
Conjunt (C. soldat)	Diversos (Únic)	Muntatge/Unió (Unió)	Constructiva
Mòdul	Diversos	Muntatge/Unió	Constructiva i funcional

Bibliografia

AGULLÓ, J. *Mecànica. Dinàmica vectorial*, (fascicles 5, 6, 7 i 8), editat per l'autor; imprès a CPDA-ETSEIB, Barcelona, 1980 (reimpressió de 1993).

AUBLIN, M.; et al. *Systèmes mécaniques. Théorie et dimensionnement*, Editorial Dunod, París, 1992.

DACQUIGNY, D; et al. *Modélisation et schématisation cinématique des mécanismes*, Editorial Bréal, Rosny-sous-Bois, 1993.

DIJKSMAN, E.A. *Cinemática de mecanismos*, Editorial LIMUSA, Mèxic, 1981.

ERDMAN, A.G.; SANDOR, G.N. *Mechanism design: Analysis and synthesis* (Volum 1), Prentice-Hill, Inc., Englewood Cliffs, Nova Jersey, 1984.

ISO 3952-1981 (parts 1, 2 i 3), *Esquemes cinemàtics - Símbols gràfics*.

NIETO, J. *Síntesis de mecanismos*, Editorial AC, Madrid, 1978.

RÉSHETOV, L. *Mecanismos autoalineadores*, Editorial Mir, Moscou, 1988.

SANDOR, G.N.; ERDMAN, A.G. *Advanced mechanism design: Analysis and synthesis* (Volum 2), Prentice-Hill, Inc., Englewood Cliffs, Nova Jersey, 1984.

www.ingramcontent.com/pod-product-compliance
Lightning Source LLC
Chambersburg PA
CBHW080426220326
41519CB00071BA/7238